每天一杯暖暖花草茶，
一年四季身心健康舒畅。

每天一杯暖暖花草茶

孙静　主编

北京联合出版公司
Beijing United Publishing Co.,Ltd.

图书在版编目（CIP）数据

每天一杯暖暖花草茶 / 孙静主编 . — 北京: 北京联合出版公司，
2014.5（2023.11 重印）

ISBN 978-7-5502-2918-1

Ⅰ .①每… Ⅱ .①孙… Ⅲ .①保健 – 茶谱 Ⅳ .① TS272.5

中国版本图书馆 CIP 数据核字（2014）第 086271 号

每天一杯暖暖花草茶

主　　编：孙　静

责任编辑：安　庆

封面设计：韩　立

内文排版：吴秀侠

北京联合出版公司出版

（北京市西城区德外大街 83 号楼 9 层　100088）

德富泰（唐山）印务有限公司印刷　新华书店经销

字数 100 千字　710 毫米 ×1000 毫米　1/16　20 印张

2014 年 5 月第 1 版　2023 年 11 月第 3 次印刷

ISBN 978–7–5502–2918–1

定价：68.00 元

自古以来，我国民间就有"上品饮茶，极品饮花"的说法。如今，"男人饮茶，女人饮花"又成为一种新的养生时尚。由此不难看出，从古至今，花草茶一直在人们的日常养生中传承。尽管并非真正的茶叶，但它却有着无可比拟的优势。

花草茶取材方便，冲泡简单易行。深受大众欢迎的它并非是"养在深山人不识"的珍馐佳品，而是日常生活中比较常见的花草。无论是清香淡雅的茉莉花，温润随和的薰衣草，还是香气浓郁的迷迭香，都可以在经过简单的加工之后成为杯中的佳饮。不仅如此，冲泡花草茶的方法也并不复杂，主要有闷泡法、锅煮法等几种。

另外，花草茶还有着或浓或淡的芳香及良好的品相，令人赏心悦目。大多数花草茶颜色比较鲜艳，用玻璃杯等器皿冲泡之后，越发衬出其绝佳的品质，闻之令人逐渐放松，品之使人身心舒畅。

最后，花草茶还拥有与真正的茶叶不相上下的保健功效。它虽然并不含有咖啡因、儿茶素等营养物质，但其富含各种维生素、微量元素等，可以有效地帮助人们降脂降压，美容抗衰，调理月事，改善便秘症状，预防心血管疾病。

正是基于以上几点，花草茶才成为人们在日常养生中的好帮手。当然，饮用花草茶不仅要从自身喜好和身体状况出发，按照季节变化饮用也是相当重要的。早在两千多年前，我们的祖先即提出了"天人合一"的观点。历史悠久的传统中医也认为"天人相应"是四季养生的整体观。

本书即是从一年四季入手，根据各个季节的特点和养生重点分别介绍了适宜在春夏秋冬四季饮用的花草茶。以"第二章 春季喝花草茶：补气养肝脾胃健"为例，本章从春季最容易出现的春困、气血不足、肝脏与脾胃功能不佳等方面出发，设置了"解春困""补气血""护肝脏""调脾胃"四个专题，并在每个专题下面列出了适合不同体质的人适合饮用的茶品，方便大家有意识地进行日常养生，预防各种疾病，保健身体。这也符合中医"治未病"的理念。

此外，本书还在介绍每一种花草茶时专门设置了"养生功效""制作方法""茶材特色""宜忌人群""爱心提醒"等板块。这些板块的设置不仅可以使具体茶方看起来一目了然，更重要的是能够帮助大家注意饮用茶品时的细节，以免出现"良方误伤人"的情况。

保健养生的方法有很多种，而饮用花草茶是其中最简便易行的方法之一。它不仅取材方便，更能让大家在品味茶香的同时实现保健养生的目标。

目录

第一章 天然、健康的花草茶

第二章 春季喝花草茶：补气养肝脾胃健

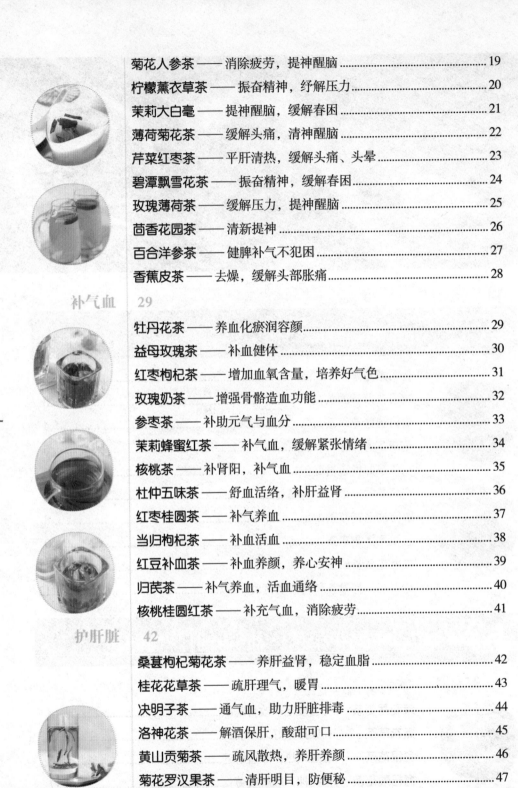

第三章 夏季喝花草茶：防暑祛湿精神好

 第四章　秋季喝花草茶：滋阴润肺去火快

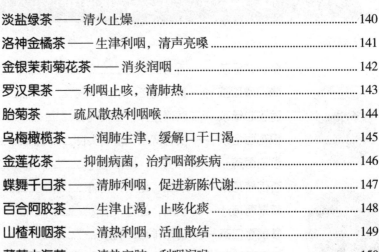

第五章　冬季喝花草茶：养肾防寒、解郁护肝

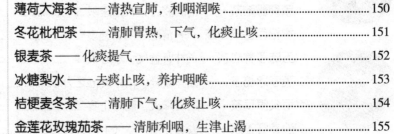

滋阴养肾 173

第六章　每天一杯花草茶，对症茶饮保健康

预防感冒 286

防便秘 295

第一章

天然、健康的花草茶

自古以来，花草茶便是深受大众喜爱的饮品，并有"极品"的美誉。在崇尚绿色环保的今天，它更是以自己特有的芳香和多样的保健养生功效成为人们"回归自然、享受健康"的好帮手。如何才能正确地选择适合自己的花草茶，享受身心的愉悦呢？让我们一起伴着茶香，走进花草茶的世界，与它进行近距离的接触吧。

什么是花草茶

早在古代，花草的妙用就已经被人们获知。我国古代第一本药草志《神农本草经》就曾收录了大量兼有美容和保健作用的花卉品种。据唐史记载，深受唐高宗和武则天宠爱的太平公主之所以总是保持着如花娇颜，就是因为每天坚持饮用桃花茶。《红楼梦》中的才女们更是喜欢以各种花草加上雪水烹制茶饮。为什么花草茶会有如此魅力呢？若想得出准确的答案，我们就需要首先了解什么是花草茶。

花草茶虽然以茶命名，但实际上却不含有任何茶叶成分，而是一种芳香型饮料。草本植物是其最初的来源。值得注意的是花草茶的制作还具有一定的季节性。每当植物苗壮成长，开花结果之时，茶农们会将这些植物的根、茎、叶、花、果实或皮等部分采摘下来，然后通过整体干燥或局部干燥的方式制成干茶。将这些干茶进行冲泡或煎煮之后得出的汤汁就是时下非常流行的花草茶了。

花草茶深受国人喜爱，国人对它表现出来的热情从古至今从未停止过。然而，花草茶却并非本土产品，它的故乡在遥远的欧洲。欧洲对于花草的利用始于公元前。当时，浪漫的法国人将鲜花采摘下来冲制成饮料，用于宫廷宴饮。很快，这种弥漫着芬芳香味又有美容效果的饮料就在贵族中传开了。此外，女性们还常会在身上佩戴一个装有花卉的香囊，用以预防细菌感染，并起到香体的效果。

更妙的是著名作家简·奥斯汀不仅自己喜爱饮用花草茶，还将种类繁多的下午茶场景写入了自己的传世名作《傲慢与偏见》中。当然，美容与防菌并不是花草茶功效的全部。常饮花草茶还可以起到舒缓神经、改善睡眠、增强记忆力、消除胃胀气等作用。正因为花草茶有如此功效，又加之其种类繁多，饮茶者可以根据自己的口味进行选择，所以它才成为深受大众喜爱的保健养生茶。

如今，随着社会节奏的不断加快，人们逐渐将自己的大部分精力都倾注于追赶时代带来的高速变化之中，并为此付出不懈的努力。然而，久居城市森林，难免身心疲倦，此时若能从繁杂的事务中抽身，选择闲暇半刻，饮上一杯花草茶，便可享受到另一种不同的人生体验。

饮用花草茶的益处

同药物相比，取材方便、味道芬芳的花草茶显然更受大家的欢迎。究其原因，不仅是由于种类繁多、颜色艳丽，更重要的还是由于其出色的保健效用。那么花草茶到底有哪些效用呢？饮用花草茶又有哪些益处呢？下面我们就将为您一一道来。

总的说来，花草茶的有效成分及其保健效用主要包括以下几类：

1.维生素

维生素是人和动物为了维持自身生理功能所必需的一类有机物。维生素家族的成员众多，其中包括大名鼎鼎的维生素 A、维生素 C 等。

作为花草茶的来源，草本植物不仅种类众多，而且维生素的含量也各不相同。有了维生素 A、B 族维生素等水溶性维生素的帮忙，花草茶不仅可以起到美容养颜的作用，还可以提升人体免疫力。

2.鞣质

鞣质又被称为单宁，它不仅是众多花草共有的重要成分，而且是花草茶中苦涩味道的直接来源。当人们饮用花草茶时，鞣质就会同人体中的蛋白质等物质迅速结合，从而起到收敛、止泻、防病毒的功效。

3.精油

精油是各种花草茶不同气味的源头。有了精油的参与，花草茶才有了芬芳的气味及消炎止痛、防腐、抗微生物、防止痉挛、提升人体免疫力的功效。

4.矿物质

矿物质家族成员众多，大家所熟悉的钙、铁、钾、磷等都是其中不可或缺的成员。人体是无法通过自身产生或合成矿物质的，因此可通过饮用含有多种矿物质的花草茶来进行必要的补充。

5.苷

苷是花草茶发挥疗效的主要成分之一。它可以帮助饮用花草茶的人实现镇咳、利尿、强心、防腐的愿望。

6. 类黄酮

类黄酮是决定花草颜色的色素之一。有了类黄酮的参与，花草茶不仅呈现出五颜六色的形态，还拥有了利尿、预防心血管疾病、抗癌等众多功效。

7. 苦味素

苦味素是一类具有苦味的化合物的通称。如果花草中苦味素的含量较多，就会如鱼腥草和苦瓜一样呈现出苦味。饮用微微带有苦味的花草茶可以帮助大家抵抗细菌的入侵，成功地实现消炎与促进消化的愿望。

综上所述，花草茶虽然不含有茶叶的任何成分，但是其对人体而言还是非常有益的。饮用花草茶不仅可以营养、调节机体，还可以提升自身的免疫力等。

如何选购花草茶

市场上的花草茶种类众多，且非常容易在茶叶店或茶叶市场上买到，所以对于选购者而言，没有一定的标准就无法选出适合自己的好茶。

其实，选购花草茶的工作并不复杂。若要选出合适的茶品，只需在以下几个方面多下功夫：

第一，购茶者需要认真观察茶品的外观与包装，确认其是否合乎成茶标准，是否在保质期之内。

众所周知，花草茶的制作需要经过一道干燥的程序。但实际上，即便经过干燥之后，大多数花草茶仍能保持植物原有的色泽。单从外观上来看，市场上不合格的花草茶品主要可以分为两大类：过于鲜艳的茶品与色泽暗沉、干瘪的茶品。它们通常是水分较多或添加某种化学制剂的结果。若是色泽过于暗淡也不宜购买。

另外，身为环保茶品的花草茶也有一定的保质期。通常情况下，它的保质期在 6~8 个月之间，最长不会超过 2 年。所以，购买前阅读包装十分重要。

第二，购买者可以通过闻花香来鉴别花草茶的优劣。

源头植物种类的差异决定了绝大多数花草茶都保持着自己特有的香气。如果香味过于浓烈或是出现不正常的味道，则表明茶品中可能混入了某些人工香料。因此，在购买之前，最好先了解一下所需花草茶的气味，以免买了人工调味的茶品，影响功效的发挥。

第三，如果条件允许，购买者最好能够进行试喝，以便能够亲身感受一下花草茶。

目前，很多卖花草茶的茶叶店或茶叶市场都提供试喝的服务。通常情况下，以味道甘甜、淡雅的茶品为优。值得注意的是试喝时不宜加入可能遮蔽茶品本来味道的蜂蜜等配料。

第四，购买者还须了解花草茶的相关功效，并尽量从正规渠道购买。

花草茶不仅功效众多，还可满足不同人群的需要。所以，购买者在购买茶品前可以先对茶品的功效进行一些了解，并以此作为评估自己需要的依据之一。

此外，从正规渠道购买也是非常重要的。由于花草茶在生产、销售、运输过程中非常容易被污染，因此对于购买者而言，挑选信誉较好的品牌还是非常重要的。

花草茶的保存

花草茶是时下流行的养生保健佳品之一。人们常会将其买来饮用或是馈赠亲友。然而，由于种种客观的原因，大家很难将买来的花草茶一次全部喝完。因此，妥善地保存茶品就成为一个非常现实的问题。

总的来说，花草茶的保存需要注意以下几个方面：

1. 将买来的花草茶放入密封罐中进行贮藏

众所周知，市场上所卖的花草茶多为纸袋或塑料袋包装。这些包装五颜六色，非常吸引人们的眼球，但实际上密封性并不好。如果不更换密封性较好的容器，容易出现泛潮或变质的情况。

一般说来，陶罐的密封性能较好，可以很好地保持花草茶的品质。但由于其有不透明、不利于观察茶品保存情况的缺点，很多购茶者都选择透明的玻璃罐作为茶品的栖息之地。

2. 将装有茶品的密封罐放于阴凉通风处，避免潮气和虫子的入侵

虽说人们常用玻璃罐来贮藏花草茶，但它也并非是非常理想的选择。玻璃罐最大的缺点就是阳光容易透入，茶品的保质期极易由此缩短。还有人把茶品放入冰箱贮藏，但冰箱密闭性较好却有贮藏东西种类繁杂的缺点，且易使茶品受潮，所以阴凉通风之处就成为装有花草茶的密封罐最好的放置场所。

另外，将装有花草茶的密封罐放于阴凉通风之处，还有一个巨大的优势，那就是可以有效地防止茶品泛潮或是虫子入侵。

与生俱来的香味是花草茶的名片。很多购买者正是由于茶品与众不同的香味才选择了它。而当不同种类的花草干茶共同存放时，一些香味较为浓郁的茶品如薰衣草等就会将同处的其他茶品的香味遮蔽。久而久之，密封罐中只剩下一种茶香，其他共同存放的茶品则会在不知不觉中失效。

另外，即便是同一种茶品，如果购买的时间不同，也不宜共同存放。这是因为，虽然密封罐的性能较好，但每打开一次，外界的水分就会向罐内渗透一些。时间一长，无论是先存放的茶品，还是后存放的茶品，都可能在同一时间内由于受潮而失效。

当然，即便是保存工作做得很好，但如果超过了保质期，茶品还是存在失效的可能。所以，对于购茶者而言，最好随买随喝，不宜一次性购买很多，并且还要保证在保质期到来之前将其饮用完毕。

花草茶的挑选与配伍

作为深受大众欢迎的养生方式，花草茶拥有种类繁多、适用人群广等诸多优点。不过，若要使它物尽其用，就需要饮茶者能够选用一杯适合自身饮用的花草茶。而根据体质来判断则是解决这个问题的关键。

众所周知，不同的人有着不同的体质和特点。比如寒性体质的人通常比较怕冷，容易腹泻；热性体质的人比较怕热，容易出汗。当然，若要得出准确的结论，最好还是向医生咨询，之后再进行茶品的选择。

其实，光了解自身体质问题还稍显不足。对于茶品属性的了解也非常重要。由于花草茶中有很多品种都可以归入中药的行列，所以作为中药基础理论的四性五味也对花草茶的选择有着重要的影响。

所谓"四性五味"是指寒、凉、温、热四种药性和辛、甘、酸、苦、咸五种滋味。其中寒凉属性的茶品适合热性体质的人饮用，温热属性的茶品适合寒性体质的人饮用。五味不仅是滋味的体现，更是其功效的写照。在众多茶品当中，咸味的花草茶多有软坚散结的作用，酸味的花草茶一般都有收敛的功效，辛味的花草茶可以用于发散及行气、活血，苦味的花草茶可以清热、燥湿、泻下，甘味的花草茶则多有补益的作用。

如果能成功运用以上标准，挑选花草茶就变得非常简单了。不过，需要注意的一点是花草茶不仅是单方茶品，更多的还是复方茶品。因此，挑选合适的配伍便成为一种必然。

要使花草茶的效力发挥得淋漓尽致，则需要遵守以下三个原则：

1. 使同属性的茶品相互匹配

如果配伍的几种茶品是属性相异的种类，那么由其组成的复方花草茶就会由于几种原料属性的相互抵消而出现功效减退，甚至是完全不起作用的情况。

2. 添加灵活改变口味的花草

很多花草虽然功效独特，但常会由于口味方面的因素而被饮茶者忽视。此时，如果能适当加入柠檬草、薄荷等花草作为配伍，茶品就可能因为口味的改变而成为饮茶者喜爱并选择的对象。

3. 尝试加入茶叶或果汁，以增加茶品的色香味

花草茶的配伍并不仅仅限于草本植物之间，与红茶、绿茶、果汁等相匹配也是不错的选择。如玫瑰普洱就是由具有减肥作用的普洱茶与玫瑰配伍而成的。

花草茶的常用配料有哪些

由于花草茶是来自大自然的草本植物，有些植物难免会带有一些令人难以下咽的苦味或酸味，所以我们需要在饮用时加入一些配料来进行调节。比如柠檬本身的味道就很酸，如果适当加入一些蜂蜜，就成为口感微酸、深受大家喜爱的蜂蜜柠檬茶了。

当然，配料的添加也要遵循一定的规则，其中最重要的一条就是不得改变原有茶品的味道。如果原有味道改变了，茶品就可能失去相应的保健效用，甚至会成为危害身体的饮料。因此，不改变原有茶品的味道是加入配料的重要前提。

花草茶的配料很多，常见的主要有以下几种：

1. 冰糖

在日常生活中，冰糖不仅是老少皆宜的零食，还是一味不可缺少的调味品。"冰糖雪梨"等名菜的制作都少不了它的参与。在某些花草茶中加入冰糖也是一种常见的做法。

冰糖性平味甘，能够深入肺经与脾经，具有润肺止咳、清痰去火的作用。在花草茶中加入冰糖不仅可以调味，还能够有效地发挥花草茶原有的保健效果。

2. 蜂蜜

蜂蜜是一种天然的营养食品，被大家称为"老人的牛奶"。它不仅可以直接食用，还是多种菜品、茶品的重要辅料。至于成为重要辅料的原因，一方面是由于其口感颇佳，另一方面则是由于其食疗保健功效。

据相关研究调查表明，蜂蜜的功效主要集中在如下几个方面：首先，食用蜂蜜可以

迅速提升人们的体力，缓解疲劳，大大提升人体免疫力。其次，蜂蜜可以有效地改善皮肤的营养情况，减少色素沉淀，防治皮肤干燥。再次，失眠的人可以通过在睡前服用一小匙蜂蜜来帮助自己尽快入睡。最后，蜂蜜还可有效地保护肝脏与心脑血管。

不过，在使用蜂蜜调味的时候，应在花草茶的茶汤稍凉之后再加入，以免水温过高对蜂蜜的营养成分造成破坏。

3. 红糖

红糖因其能够迅速补充体力、增加活力而被大家称为"东方巧克力"。它性温味甘，能够深入脾经，是益气补血、健脾暖胃、活血化瘀的上佳之选。将红糖与人参配伍能够有效地调理身体，改善低血压，而红糖与桂圆肉的组合将会为失眠的人带来舒适安稳的睡眠。

将红糖以正确的方法加入花草茶中，将会令花草茶的效用发挥得更加淋漓尽致。

如何冲泡花草茶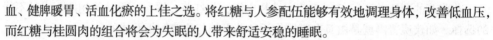

冲泡花草茶是一件令人赏心悦目的事。看着已经干燥的花花草草在水中重新绽放生命的样子，真是一种美的享受。更令人欣慰的是想要时常领略这种美的享受却并不难，因为花草茶的冲泡工序并不复杂。

若想冲泡出一壶好的花草茶，下面提到的几个方面尤其需要注意：

1. 洗茶

大部分花草茶在制作之前是没有经过清洗的。为了避免杂质对花草茶品质的破坏，所以洗茶就显得特别重要。

2. 茶品用量

茶品的用量也是影响茶汤质量的一个重要因素。在冲泡开始前，根据花草自身的特点与饮茶者的需要来决定茶品的用量是非常必要的。

通常情况下，浓香类的花草可以少放一些；如果原料是新鲜花草，则需要将用量提高到干茶用量的 2~3 倍。

3. 选择器皿

同其他茶品相比，花草茶最显著的优势就是观赏与养生价值兼备。冲泡花草茶常用的器皿包括玻璃壶、玻璃杯、保温杯等。

4. 用水

水质和水温都将直接影响花草茶的色香味。所以，在冲泡花草茶的过程中，一定要注意水质与水温的掌握。

常用的冲泡用水包括煮沸的纯净水、高品质的泉水等。这样，茶汤才不会出现不纯正的颜色。

此外，冲泡时所用的水最好是沸腾的开水，如此才能泡出茶品的精华。

5. 冲泡流程

（1）温壶

将沸水注入备好的茶壶及茶杯中，待壶身及杯壁变得温热之后，将水倒出。

（2）冲泡

先将花草茶放入壶中，再冲入适量的沸水，以便花草能够得到充分浸泡。如果原料是茶包或采用煎煮法，则应先倒入开水或将清水煮沸后再投入原料。

（3）闷泡

冲入沸水之后，泡茶者需要立即将壶盖盖上，进行闷泡。至于闷泡的时间，需要根据花草茶自身的特性及取用的部位来决定。一般说来，当所选取的部位是花草的花和叶时，时间保持在 5~15 分钟；当选取的部位是比较坚韧的树皮、根或是果实时，时间需要在 15 分钟以上。煎煮法与闷泡法所用的时间大致相同。

当然，遵守上述五条原则就掌握了花草茶冲泡的精髓。不过，还有一点需要特别注意，那就是花草茶不宜在金属器皿中进行煎煮或是冲泡。金属与茶品在较高的温度下发生接触可能会出现茶品串味甚至是失效的情形。

怎样品饮花草茶

如果说冲泡花草茶是一场视觉上的盛宴，那么品饮花草茶则是一种色香味俱全的身心洗礼。当花草从原料变为一杯摆放在面前的茶饮之后，它的价值马上就出现了质的飞跃。

花草茶的品饮并不复杂，与普通茶品的品饮有着异曲同工之妙。总的说来，若要品出花草茶的滋味，主要从以下三个方面入手：

 **1. 观茶色**

所谓观茶色即观察茶汤的色泽和茶叶的形态。

（1）茶汤的颜色

冲泡之后，茶品由于浸泡在水中，几乎恢复到了自然状态。茶汤的颜色也会随着茶品内所含物质的浸出由浅转深，而几泡之后，汤色又会由深变浅。

观察茶汤的色泽，主要是看茶汤是否清澈鲜艳、色彩明亮，并具有该品种应有的色彩。不过，存放不善、水质不佳等也可能会影响茶汤的颜色。

（2）茶品的形态

观察花草茶的形态主要分为观察其干茶的外观形状与冲泡之后的叶底两部分。

要判断该茶品是否是优质茶，则需在外观、色泽、质地、均匀度、紧结度、有无显毫等方面多加观察与比对。

至于叶底，需要注意的则是仔细观察浸泡后充分舒展的茶品是否匀齐、完整，有无花杂、焦斑等现象。

需要注意的是相当一部分花草茶本身并没有叶底，这就需要饮茶者在品饮的时候对茶品的外观和内质多加留意。

2. 闻茶香

闻茶香的方法有干闻、热闻、冷闻等三种方法。所谓干闻就是闻干茶，热闻就是冲泡之后，闻茶汤的香味。

在闻茶香的过程中，花草茶中蕴含的香气如何是非常重要的。它主要有三项指标：一是香气的纯度，即香气纯正不杂；二是香气的鲜灵度，即香气的新鲜、灵活程度；三是香气的浓度，即香气的浓厚深沉程度。

只有这三项指标同时达标，才能称得上是优质的花草茶。

3. 品茶味

"徐徐"是品茶味的关键词。很多时候，第一口茶汤可能并没有想象中的甜美。不过，这并不需要担心，因为茶味总是由淡及浓、先苦后甜，徐徐而发的。茶汤入口之后，不宜立即下咽，而要在口腔中停留，使其在舌头的各个部位打转，以便与舌头的味蕾充分接触。如此才能品出茶汤真正的滋味。

饮用花草茶的注意事项

自古以来，花草茶就被女性奉为美容茶。如今，这一理念更是深入人心。当代女性中有不少都是花草茶的忠实粉丝。然而，需要注意的是一旦饮用过程中出现了不合理之处，原本的美容茶就会变成毁容茶。如何才能避免此种情形的出现呢？这就需要饮茶者在饮用茶品的过程中对下列事项提起注意：

第一，在选择花草茶时，一定要遵循"对症下药"的原则，注意茶品的适用人群及搭配禁忌。

常见的茶品适用人群及搭配禁忌主要包括：

（1）保健花草茶与西药不宜同饮，以免对西药疗效产生影响，发生副作用。

（2）饮用具有调理脾胃与解表效用的花草茶时，不宜食用生冷食物。

（3）饮用具有清热解毒效用的花草茶时，忌食辛辣与油腻的食物。

（4）不宜饮用活血花草茶的人群主要有两类：一类是处于孕期的女性，另一类是处于生理期且月经量较多的女性。

（5）太过温燥的花草茶不适合肝肾阴虚或是阴虚火旺的人饮用。

第二，饮用花草茶时要注意时间上的禁忌。

花草茶的饮用也有时间和季节上的分别。这就要求饮茶者要遵循花草茶饮用过程中的时间准则。

常见的饮用时间准则主要包括：

（1）同一种花草茶饮用的时间不宜过长、过量。

"饮食有节"是我国养生的传统。即便是质量再上乘的茶品，长期或过量饮用也会成为身体健康的障碍。花草茶对于人体的影响是通过由缓慢的量变到质变的方式来产生影响的。因此，对于饮茶者而言，每次所用的原料不宜过多，同一种花草饮用的时间也不宜过长。

（2）花草茶最好现泡现饮，不宜饮用隔夜茶。

花草茶成为隔夜茶之后，其中的维生素就会在一夜之间消失殆尽，从而使花草茶的保健功能丧失大半。此外，经过一夜的时间，茶品可能会出现变质的情形或产生有毒物质。这样的茶汤饮下之后只会为身体健康减分。

（3）早晨空腹的时候适合饮用具有泻下作用的花草茶；对肠胃有刺激性的花草茶宜选择在饭后饮用。至于想要实现清心安神、调理睡眠的目的而准备的花草茶最好在睡前饮用。

当然，饮用花草茶的注意事项不仅仅包括上述两个方面。人们在饮用时还应注意单一的花草茶不宜长期饮用，否则容易出现体虚、过敏、咳嗽等情形。

花草茶、花果茶和花茶的区别

如今，钟情于绿色食品、饮品已经成为日常生活保健中的一个新潮流。具体到时下流行的茶品选择，花草茶、花果茶、花茶都是其中的佼佼者。种类多样、口味独特、保健功效众多是它们的共同特征。不过，它们之间也存在着不小的差别。

1. 概念与茶品构成上的差别

花草茶最早出现在公元前的欧洲，当时是宫廷宴饮之物。它的主要来源是各种草本植物的花朵及茎叶等。茶农将原料采来经过干燥之后就制成了花草茶。

同花草茶类似，花果茶也是舶来品，而且它的故乡也在欧洲。纯正的花果茶是由水果搭配花卉经过浓缩干燥而成。它的制作已经有几百年的历史。

与前两者不同，花茶的故乡在中国。它的制作是以优质的茶叶作为茶坯，搭配鲜花精制而成。另外，花茶所用的茶坯多为绿茶，也有少量的红茶与乌龙茶。

2. 功效上的差别

花草茶具有传统茶不可比拟的特色。首先，它不含茶叶中的任何成分，不必担心影响睡眠或肠胃功能。其次，大多数花草茶都含有芳香油，可以帮助饮用者预防感冒，消除疲劳，提神醒脑。最后，花草茶是靠徐徐积累、由量变到质变的方式来发挥作用的。人体可以在积累的过程中实现自我调理。

花果茶中富含维生素、花青素等多种营养元素，具有良好的抗氧化、养颜、防辐射的功效，特别是其中的花青素抗氧化性能要比维生素 C 高 200 倍。有了它的帮忙，肌肤可以在毫无刺激感的情况下吸收营养。

花茶则融合了茶叶与鲜花的特色。首先，由于以绿茶、红茶、乌龙茶等做茶坯，所以从本质上而言，花茶具备普通茶叶所具有的一切功能。其次，由于与鲜花一起进行搭配窨制，所以花茶中除了茶香之外，还多了一种花香。更加值得注意的是，花茶中的花香也具有良好的药理作用，对人们的身体健康十分有益。

除了上述两方面之外，花草茶、花果茶、花茶三者之间的区别还体现在饮用人群的差别上。究其原因，主要体现在两个方面：一是人们自身体质的差别，二是茶品自身功效的差别。所以，尽管三者都是时下流行的养生保健方式，大家如果对上述两个方面了解得不够透彻，也很难选出适合自己的茶品。

第二章

春季喝花草茶：
补气养肝脾胃健

　　一年之计在于春。春季是气候转暖、万物萌生的季节，也是阳气生发的时节。人们也需要遵循自然规律来调节自身，滋养气血，恢复精神。中医五行理论认为，春季属木，对应脏腑中的肝脏。又加之肝失调会导致脾胃不和，因此春季是养肝健脾胃的最佳时节。肝气旺盛，人们就会精神焕发。薰衣草、牡丹花等花草以其独特的功效为春季养生带来一道靓丽的风景。

解春困

春季里，天气逐渐变暖，人体内的新陈代谢逐渐旺盛，耗氧增多，脑组织供养相对减少，因此人们常会产生懒洋洋的感觉，并出现无精打采甚至困倦的情形，这就是"春困"。"春困"提示我们的身体出现了肺阴虚、肺燥热、肝阳上亢、湿痰、肾阴虚等不良症状。虽说它算不上一种病态的表现，但有时还是会对人们正常的生活造成影响。为了消除这种影响，我们不妨选择一些有调节神经、提神醒脑的花草茶。缓解春困的花草有菊花、薰衣草、迷迭香、薄荷、柠檬等。

◀ 茉莉菩提茶　　去疲乏，改善睡眠

❋ 养生功效

茉莉花（干）　菩提叶（干）　冰糖

▶ 提升睡眠质量，缓解疲乏。

| 1 | 3 | 5 | 8 | 10 |
| 15 | 18 | 20 | 25 | 30 |

冲泡时间：
3分钟左右

制作方法

材料：茉莉花（干花）3克，菩提叶2克，冰糖适量。
冲泡方法：在杯中放入茉莉花与菩提叶，加沸水冲泡3分钟后，调入冰糖，拌匀后即可饮用。

茶材特色

茉莉花中的精油可修复老化皮肤。另外，常饮用茉莉花茶还能安抚情绪，缓解痛经带来的痛苦。

【宜忌人群】

精神紧张、经常熬夜、头晕头痛的人适合饮用此茶。孕妇不宜饮用。

爱心提醒

▶ 菩提叶搭配洋甘菊：消除疲劳，改善睡眠。

答疑解惑

Q：春困中如何保持优质睡眠？
A：需要掌握以下秘诀：第一，选择舒适的床上用品。枕头和床品的舒适性会有效提升睡眠质量。第二，起床后及时唤醒大脑。唤醒大脑的方式可以选择喝一杯冷开水，简单的体操或是热水浴。

◄ 薰衣草茶　利尿排毒好入睡

❀ 养生功效

薰衣草（干）　　蜂蜜

▶ 放松神经，纾解压力，净化身心。

1	3	5	8	⑩

15	18	20	25	30

冲泡时间：
10 分钟左右

◉ 制作方法

材料：薰衣草（干花）3~5 克，蜂蜜适量。

冲泡方法：将薰衣草放入杯中，加入沸水泡 10 分钟，调入蜂蜜，即可饮用。

茶材特色

适合冲泡花草茶的薰衣草只有齿叶薰衣草和甜蜜薰衣草。此外，它的香味越是浓郁，表明其品质越是优良。

【宜忌人群】

深受春困、失眠、头痛困扰者适合饮用。
孕妇不宜饮用。

爱心提醒

▶ 除了冲泡花草茶，薰衣草还可以用来做沐浴的香料和存放衣服的熏香。

◀ 金银花茶　疏散风热，凉血解乏

❀ 养生功效

 + + + +

金银花（干）　百合花（干）　菊花（干）　柠檬草（干）　蜂蜜

冲泡时间：
10分钟左右

▶ 清热解毒，防感冒，消内火。

制作方法

材料：金银花干品20克，百合花、菊花、柠檬草、蜂蜜适量。

冲泡方法：在杯中加入漂洗过的金银花、百合花、菊花、柠檬草和沸水，闷泡10分钟，调入蜂蜜即可。

茶材特色

蜂蜜有许多种类，如洋槐蜂蜜、枣花蜂蜜、荔枝蜂蜜等，可根据自身口味添加。

【宜忌人群】

受痱子、毒疗困扰者皆可饮用。

脾胃虚寒、气虚者不宜饮用。

爱心提醒

▶ 金银花性寒，故不宜长期饮用。

◀枸杞菊花茶　提神，缓解疲劳

✿ 养生功效

 ＋

枸杞（干）　菊花（干）

1 3 5 8 10
15 18 20 25 30

冲泡时间：
3 分钟左右

▶ 激发身体活力，抗疲劳，提神解困。

● 制作方法

材料：枸杞 10 克，菊花 8 朵。

冲泡方法：在杯中同时放入枸杞、菊花及适量沸水，加盖闷泡 3 分钟即可饮用。

● 茶材特色

菊花入肝经，是治疗头目风热的常用药。其中白菊花偏重于清肝明目，黄菊花偏重于疏散风热。

【宜忌人群】

精神不济、困倦无力者宜饮用。感冒发热或有炎症者不宜饮用。

❤ 爱心提醒

出现酒味的枸杞已经变质不宜食用。保存完好的枸杞则一年四季都可服用。

◀迷迭香薄荷茶　　清凉醒脑精神好

✿ 养生功效

迷迭香（鲜）　薄荷叶（鲜）

冲泡时间：
3分钟左右

▶ 有效缓解疲劳，焕发精神，提升记忆力。

● 制作方法

材料：鲜薄荷叶一小把，鲜迷迭香枝条10厘米。

冲泡方法：将薄荷叶与迷迭香洗净沥干后放入杯中，加沸水，静置3分钟即可。

茶材特色

用于冲制花草茶的通常是胡椒薄荷。此外，薄荷还可用于各类甜点、冰激凌和糖果的制作。

【宜忌人群】

头痛目赤、风热感冒、精神疲倦者宜饮用。
儿童和孕妇不宜饮用。

爱心提醒

▶ 将迷迭香薄荷茶喷于书桌旁，其清新气息有助于赶走瞌睡虫。

◀ 菊花人参茶

消除疲劳，提神醒脑

❀ 养生功效

 +

人参（生）　菊花（干）

| 1 | 3 | 5 | 8 | 10 |
| 15 | 18 | 20 | 25 | 30 |

冲泡时间：
5分钟左右

▶ 滋补元气，调节神经系统，祛除疲劳。

制作方法

材料：人参 2~3 片，菊花 2~3 朵。

冲泡方法：在杯中放入人参、菊花及沸水，静置 5 分钟，温饮。

茶材特色

人参对于提升人体免疫力有助益，但不宜一次性食用或饮用过多，否则容易伤身。

【宜忌人群】

深受春困困扰、需要提神的人可以饮用。
患有高血压或是有实热者不宜饮用。

爱心提醒

菊花还可以用来泡酒。选购时，以花朵
完整、气味清香、没有杂质的茶品为佳。

◀柠檬薰衣草茶 振奋精神，纾解压力

✿ 养生功效

 +

柠檬（干）　薰衣草（干）

▶ 舒缓情绪，祛除疲劳，振奋精神。

制作方法

材料：薰衣草2克，柠檬1~2片。

冲泡方法：在杯中放入薰衣草及适量沸水，静置3分钟加入柠檬片，温饮。

茶材特色

挑选柠檬时要尽量挑选色泽鲜亮滋润、果形正常、果面清洁、没有褐色斑痕及其他斑痕的优质品。

【宜忌人群】

平时压力较大、易于疲劳的人群可以选择此茶。孕妇不宜饮用。

爱心提醒

▶ 柠檬常温保存可达到1个月左右，但使用后剩下的部分需要用保鲜膜包好，放入冰箱。

茉莉大白毫

提神醒脑，缓解春困

❈ 养生功效

茉莉大白毫（干）　蜂蜜

1 3 5 8 10
15 18 20 25 30

冲泡时间：
3 分钟左右

▶ 提升精神活力，解除春困带来的疲劳感。

制作方法

材料：茉莉大白毫 3 克，蜂蜜适量。

冲泡方法：在杯中放入茉莉大白毫，冲入 90℃ 的沸水，静置 3 分钟，稍稍冷却后调入蜂蜜即可。

茶材特色

茉莉大白毫主要产于福建，其条索匀整，色泽油润；叶底柔软、嫩黄；汤色黄绿清澈，滋味醇厚。

【宜忌人群】

慢性支气管炎患者及受春困困扰者适合饮用。

体有热毒者、孕妇不宜饮用。

爱心提醒

▶ 茉莉花性凉，火热内盛，故便秘、失眠、神经衰弱等症患者应该慎饮。

◀ 薄荷菊花茶　　缓解头痛，清神醒脑

❀ 养生功效

 +

薄荷叶（干）　菊花（干）

| 1 | 3 | 5 | 8 | 10 |
| 15 | 18 | 20 | 25 | 30 |

冲泡时间：
3分钟左右

　　清肝明目，缓解疲劳，醒脑提神。

制作方法

材料：菊花3朵，薄荷叶3片。

冲泡方法：在杯中放入菊花和薄荷叶，冲入沸水，静置3分钟即可。

茶材特色

据《本草纲目》记载，用薄荷汁熬煮玉米粥可以起到清凉利咽、增进食欲、消炎止痛的效用。

【宜忌人群】

外感风热、头痛目赤、牙龈肿痛、容易疲劳者皆可饮用。
汗多表虚、阴虚血燥者不宜饮用。

爱心提醒

▶ 薄荷菊花茶不仅可以提高睡眠质量，还可以帮助"电脑族"舒缓视觉疲劳。

◀芹菜红枣茶

平肝清热，缓解头痛、头晕

❀ 养生功效

红枣（干）　＋　芹菜（鲜）

1	3	5	8	10

| 15 | 18 | 20 | 25 | 30 |

冲泡时间：
20 分钟左右

▶ 补中益气，祛风去湿，平肝清热，缓解头痛。

制作方法

材料：芹菜 250 克，红枣 10 颗。

冲泡方法：将切碎的芹菜与红枣一同放入保温杯，加沸水闷泡 20 分钟即可。

茶材特色

芹菜有水芹与旱芹之分。食用旱芹可以产生一种抗氧化剂，从而起到抑制肠内细菌滋生的致癌物的效用。

【宜忌人群】

受春困困扰者及早期高血压患者宜饮用。
脾胃虚寒、血压偏低者不宜过多饮用。

爱心提醒

▶ 芹菜红枣茶中加入蜂蜜一定要在茶温热或是晾凉之后。

碧潭飘雪花茶

振奋精神，缓解春困

❀ 养生功效

 +

碧潭飘雪（干）　冰糖

▶ 止咳润肺，舒缓腹痛，振奋精神，预防肥胖。

冲泡时间：
3分钟左右

制作方法

材料：碧潭飘雪5克，冰糖少许。

冲泡方法：在杯中放入碧潭飘雪和90℃沸水，静置3分钟，调入冰糖即可。

茶材特色

碧潭飘雪产于四川峨眉山，它与其他花茶最大的不同在于所采用的茶坯是明前新鲜绿茶。

【宜忌人群】

深受春困困扰者宜饮用。
便秘患者、孕妇不宜饮用。

爱心提醒

▶ 碧潭飘雪贮存时需要先将其放入玻璃罐或金属铁罐当中密封，放于通风、干燥、避免阳光直射、无异味的地方。

玫瑰薄荷茶

缓解压力，提神醒脑

✿ 养生功效

玫瑰花（干）　薄荷叶（干）　菊花（干）　　　蜂蜜

▶ 疏风散热，提神醒脑，活血化瘀，纾解郁闷。

制作方法

材料：玫瑰花、薄荷叶、菊花各4克，蜂蜜适量。

冲泡方法：将所有材料放入杯中，加沸水，闷泡5分钟后加入蜂蜜即可。

茶材特色

玫瑰花还能够用于食物及提炼精油。从它当中提炼出的玫瑰油的价值要高于等重量的黄金。

【宜忌人群】

情绪焦虑、容易疲劳者宜饮用。

孕妇、儿童、体虚多汗者不宜多饮。

爱心提醒

▶ 用薄荷为原料冲泡花草茶时应盖好杯盖，以免薄荷油挥发。

◀ **茴香花园茶**　　清新提神

 + + +

✿ **养生功效**

玫瑰花（干）　茴香（干）　甜菊叶（干）　薄荷叶（干）

养阴生津，清新提神，减肥美容。

| 1 3 5 8 ⑩ |
| 15 18 20 25 30 |

冲泡时间：
10分钟左右

制作方法

材料：茴香3片，甜菊叶1片，薄荷叶2片，玫瑰花3朵。

冲泡方法：将茶材放入杯中，加沸水闷泡10分钟即可饮用。

茶材特色

甜菊叶原产于巴拉圭和巴西的原始森林中，是理想的甜味剂，常用于糖尿病和肥胖症的辅助治疗。

[宜忌人群]

慢性胃炎患者及易疲劳者宜饮用。
舌质偏红、容易便秘的阴虚火旺者不宜饮用。

爱心提醒

甜菊叶适合与所有的花草茶进行搭配，但在使用时要注意用量，以免甜腻过度。

◀ 百合洋参茶   健脾补气不犯困

❀ 养生功效

 + + + +

百合花（干） 枸杞（干） 竹叶（干） 西洋参（生）

▶ 清热润肺，滋阴补气，养心安神，养颜抗衰。

制作方法

材料：百合花（干品）5朵，枸杞3克，西洋参、竹叶各1克。

冲泡方法：将茶材放入杯中，加沸水闷泡10分钟即可饮用。

茶材特色

常见的西洋参服法包括煮服法、含化法、冲服法、配枣法、炖鸡法等。它是治疗失眠、烦躁等症的良药。

宜忌人群

口干烦躁、容易疲劳者适宜饮用。
咳嗽有痰、口水多及水肿患者不宜饮用。

爱心提醒

▶ 服用西洋参时还需考虑季节性。气候偏干的春季和夏季是适合的季节。

◀香蕉皮茶

去燥，缓解头部胀痛

❋ 养生功效

香蕉皮（鲜）　＋　冰糖

冲泡时间：
5分钟左右

1	3	5	8	10
15	18	20	25	30

▶ 抑制细菌、真菌生长，有效抗抑郁，缓解头部胀痛。

制作方法

材料：香蕉皮1个，冰糖适量。

冲泡方法：在锅中放入切碎的香蕉皮，加清水煮5分钟后取汁，调入冰糖饮用。

茶材特色

香蕉一身都是宝，香蕉皮不仅能抗抑郁与润肤，还能够保护视力、促进伤口愈合、治疗急性眼角膜炎。

【宜忌人群】

头痛、烦躁者及肝阳上亢型高血压患者宜饮。
脾胃虚寒者、腹泻患者不宜饮用。

爱心提醒

▶ 将香蕉皮内部的软膜刮下，捏成糊状涂于脚部患处，可有效治疗脚气。

补气血

　　春季虽然天气转暖，但在春分到来之前，还是经常会有大股、小股的冷空气出现。关节炎患者的病情常会加重。此外，随着室外活动的大幅增加，人们会大量出汗，变得易于疲乏。实际上，上述情形的出现不仅是气候方面的原因，更主要的还是忽视温补气血所致。中医认为，气血是构成人体生理活动的基本物质。忽视气血的滋补常会为人体带来一些不适。因此，在春季滋补气血就成为一件非常必要的事情。常见的补气血的花草包括牡丹花、玫瑰花、红豆、桂圆、当归等。

◀牡丹花茶　　养血化瘀润容颜

❀ 养生功效

 +

牡丹花（干）　　白糖

▶ 养血和肝，散郁祛瘀，改善贫血症状。

冲泡时间：
3分钟左右

● 制作方法

材料：牡丹花（干品）3朵，白糖适量。
冲泡方法：在杯中放入牡丹花，冲入沸水，闷泡3分钟，调入白糖后即可。

● 茶材特色

医学家李时珍指出：最适宜入药的是红色与白色的单瓣牡丹。二者效用稍有不同，其中白花偏于补，红花偏于利。

【宜忌人群】

黄褐斑及贫血者宜饮用此茶。
孕妇不宜饮用。

爱心提醒

▶ 选购牡丹花茶时需要注意选择花朵干燥、花形完整的茶品。

● 答疑解惑

Q：春季滋补气血有哪些误区？
A：1.蔬菜水果无益补铁。2.咖啡与茶多喝不妨。3.多吃肉对身体不好。4.贫血好转停服铁剂。5.红糖补血可以代替贫血治疗。6.经常食用蛋奶对贫血者多有补益。

◀益母玫瑰茶　补血健体

❀ 养生功效

益母草（干）　玫瑰花（干）

▶ 行血祛瘀，补血养气，增强身体免疫力。

冲泡时间：
15 分钟左右

1 3 5 8 10
15 18 20 25 30

制作方法

材料：益母草30克，玫瑰花6克。

冲泡方法：将茶材放入容器，加清水大火煮沸，再用小火煮15分钟，温饮。

茶材特色

益母草味苦辛，性微寒，有"妇科圣药"之称。它能够促进子宫收缩恢复活力，治疗妇女产后出血。

宜忌人群

月经不调、月经过多、痛经者宜饮用。
孕妇不宜饮用。

爱心提醒

益母草可与甘草、绿茶搭配冲泡花草茶。此茶具有补血益气、活血调经的功效。

◀红枣枸杞茶

增加血氧含量，培养好气色

❀ 养生功效

 +

枸杞（干）　红枣（干）

▶ 提高造血功能，改善新陈代谢。

冲泡时间：
8分钟左右

1 3 5 8 10
15 18 20 25 30

◈ 制作方法

材料：枸杞2克，红枣2颗。

冲泡方法：在杯中放入洗净的茶材，冲入沸水，加盖闷泡8分钟即可。

茶材特色

枸杞药用价值极高，且一年四季皆可食用。其中春季时可与黄芪、黄精搭配，起到滋补气血的功效。

【宜忌人群】

因经血过多引发贫血的女性宜饮用。

高血压患者、性情急躁及虚寒的人不宜饮用。

爱心提醒

▶ 不宜食用枸杞的人群包括正在感冒发热、身体有炎症、腹泻的人等。

◀ 玫瑰奶茶　　增强骨骼造血功能

冲泡时间：
3 分钟左右

| 1 | 3 | 5 | 8 | 10 |
| 15 | 18 | 20 | 25 | 30 |

❀ 养生功效

玫瑰花（鲜）　　牛奶

　　调理气血，增强骨髓造血功能，保持面色红润。

● 制作方法

材料：玫瑰花（鲜品）5 朵，牛奶 250 毫升。

冲泡方法：将玫瑰花与牛奶拌匀后放锅中煎煮 3 分钟，沸腾后关火温饮。

● 茶材特色

当面部出现日晒灼伤时，可利用冻牛奶来加以舒缓。具体做法是用冻牛奶洗脸，并用薄毛巾敷在患处。

【宜忌人群】

面色不佳、贫血及病后体虚者宜饮用。
胆囊切除者及"三高"患者不宜饮用。

爱心提醒

　▶ 婴幼儿过食浓牛奶，会引起便秘、腹泻、食欲不振等症。

参枣茶

补助元气与血分

❈ 养生功效

党参（生）　　红枣（干）　　红糖

冲泡时间：
8分钟左右

▶ 活血化瘀，补血养颜，通调气血。

制作方法

材料：党参2克，红枣2~3颗，红糖适量。

冲泡方法：在杯中放入洗净的茶材及沸水，加盖闷泡8分钟，调入红糖温饮。

茶材特色

党参药性平和，可以补气养血生津，是最常使用的调补中药之一，以山西上党地区出产者为最佳。

【宜忌人群】

体虚、体困神倦、病后少食者适合饮用。
月经期女性不宜饮用。

爱心提醒

▶ 参枣茶还可以采用锅煮法，然后取汤汁饮用，效果比冲泡法更好。

◀ 茉莉蜂蜜红茶　补气血，缓解紧张情绪

✿ 养生功效

茉莉花（干）　+　红茶　+　蜂蜜

| 1 3 ⑤ 8 10 |
| 15 18 20 25 30 |

冲泡时间：
5分钟左右

▶ 理气和中，暖胃安神，缓解紧张情绪。

制作方法

材料：茉莉花3克，红茶适量，蜂蜜适量。

冲泡方法：在杯中放入茶材，冲入沸水，加盖焖泡5分钟即可。

茶材特色

红茶是目前世界茶叶市场中贸易量最大的茶类。其名品包括祁门红茶、滇红、政和工夫、金骏眉、正山小种等。

【宜忌人群】

肝气郁结所致头晕头痛、大便燥结者宜用。
孕妇、热性体质及阴虚有火者不宜多饮。

爱心提醒

饮用茉莉蜂蜜红茶时要特别注意不宜隔夜饮用，也不宜一次性饮用过多。

核桃茶

补肾阳，补气血

✿ 养生功效

 +

核桃仁（生）　　红茶

1	3	5	8	10
15	18	20	25	30

冲泡时间：
20 分钟左右

▶ 温补肺肾，益气养血，补虚安神。

制作方法

材料：核桃仁、红茶各 3 克。

冲泡方法：将所有茶材放入砂锅，加清水煮沸，再小火煮 20 分钟，取汁温饮。

茶材特色

核桃，被大家誉为"长寿果"。经常食用核桃粥，可以起到营养嫩白肌肤、延缓肌肤衰老的作用。

【宜忌人群】

体虚、气喘、产后手脚软弱、腰肌劳损、慢性气管炎患者宜饮用。
阴虚火旺、便秘者不宜饮用。

爱心提醒

▶ 核桃茶还是治疗血瘀与延缓衰老的良药。

◀杜仲五味茶

舒血活络，补肝益肾

✿ 养生功效

 +

杜仲（干）　　五味子（生）

| 1 | 3 | 5 | 8 | 10 |
| ⑮ | 18 | 20 | 25 | 30 |

冲泡时间：
15 分钟左右

▶ 活血通络，补肾宁神，益气生津，调节血压。

制作方法

材料：杜仲、五味子各 2 克。

冲泡方法：在杯中放入杜仲与五味子，冲入沸水，加盖闷泡 15 分钟即可饮用。

茶材特色

中药杜仲是草本植物杜仲干燥过后的树皮，有"植物黄金"之称，是治疗腰膝酸痛、尿频的好帮手。

【宜忌人群】

体虚、容易疲劳者及老年人适宜饮用。
阴虚火旺者不宜多饮。

爱心提醒

▶ 杜仲五味茶也可采用锅煮法，具体做法是在锅中放入茶材和清水，煮 30 分钟后滤汁饮用。

◀红枣桂圆茶 补气养血

❀ 养生功效

桂圆（干）　　红枣（干）

冲泡时间：
5 分钟左右

▶ 保持气血充足，面色红润，容光焕发，改善面色晦暗不佳的情形。

● 制作方法

材料：桂圆肉 2 颗，红枣 3 颗。

冲泡方法：在杯中放入红枣和桂圆肉及沸水，加盖闷泡 5 分钟即可。

● 茶材特色

红枣又称大枣，具有养血安神、松懈药性、安神养胃的功效。红枣茶是血虚者恢复健康的好助手。

【宜忌人群】

处于经期、由气血不足导致面色不佳的女性及气虚者适合饮用。

孕妇不宜饮用。

爱心提醒

▶ 煮好的红枣桂圆茶趁热喝，最好将茶材一同吃掉。

当归枸杞茶　补血活血

1	3	5	8	10
15	18	20	25	30

冲泡时间：
8分钟左右

❀ 养生功效

 +

当归（生）　　枸杞（干）

▶ 和血调经，养肝补血，改善面色姜黄与体虚。

● 制作方法

材料：当归、枸杞各2克。

冲泡方法：将当归、枸杞放入杯中，加沸水闷泡8分钟，温饮。

● 茶材特色

当归又名云归，多分布在我国四川、云南、贵州一带，具有调经止痛、补血活血、润肠通便的功效。

【宜忌人群】

痛经、因气血不足而脸色发黄者适合饮用。孕妇不宜饮用。

爱心提醒

▶ 当归可用于治疗血虚肠燥导致的便秘、心律失常、缺血性中风等症。将其磨粉效果更佳。

◀红豆补血茶

补血养颜，养心安神

❈ 养生功效

红豆　　莲子（干）　　桂圆（干）　　红糖

▶ 补脾止泻，补血养颜，养心安神。

1 3 5 8 10
15 18 20 25 30
冲泡时间：
30 分钟左右

制作方法

材料：红豆 20 克，莲子 10 克，桂圆 5 克，红糖适量。

冲泡方法：在容器中放入泡发的红豆及其他茶材，加清水煮30分钟后倒入杯中，调入红糖，温饮。

·茶材特色

中医认为，红豆性味甘平，无毒，具有利水除湿、滋补强壮、健脾养胃、和气排脓的功效。

【宜忌人群】

气血不足、心悸失眠、浮肿者及脚气患者适合饮用。
体虚者及胃肠较弱者不宜饮用。

爱心提醒

▶ 红豆中富含膳食纤维及微量元素钾，能够有效治疗便秘。

◀归芪茶　补气养血，活血通络

✿ 养生功效

当归（生）　黄芪（生）

▶ 补充气血，疏通经络，提升免疫力。

制作方法

材料：当归 3 克，黄芪 9 克。

冲泡方法：在锅中加入黄芪和清水，煮沸后小火煎煮 20 分钟，加入当归，煮 5 分钟，温饮。

茶材特色

中药黄芪则是植物黄芪的根。中医认为，黄芪的根具有补气固表、敛疮生肌、利尿排毒的功效。

【宜忌人群】

气血虚弱、免疫功能低下者适宜饮用。
女性月经过多、有出血倾向者不宜饮用。

爱心提醒

▶ 人们在饮用归芪茶时还可以加入大枣，不仅味美，还可滋补气血。

◀核桃桂圆红茶　补充气血，消除疲劳

❀ 养生功效

红枣（干）　核桃仁（干）　桂圆（干）

1 3 5 8 10

15 18 ⑳ 25 30

冲泡时间：
20分钟左右

▶ 健脑，补气，养血，可改善心脾两虚及气血两虚的症状。

制作方法

材料：核桃仁、桂圆、红枣各3克。

冲泡方法：将所有茶材放入锅中，加清水煮20分钟，盛汁温饮。

茶材特色

核桃，被大家誉为"长寿果"。经常食用核桃粥，可以起到营养嫩白肌肤、延缓肌肤衰老的作用。

【宜忌人群】

产后贫血、痛经、老年人等均可饮用。
阴虚体质、容易生内热者及感冒、咳嗽、发热患者不宜饮用。

爱心提醒

▶ 核桃桂圆红茶最好在饭后1小时饮用。

第二章 春季喝花草茶：补气养肝脾胃健　　41

护肝脏

　　中医认为，肝属五行之木，春木旺，肝主事。春季正是养阳益肝的好时节。如果没有养好肝气，人体周身的气血运行就会紊乱，其他脏腑器官也会由于肝脏的影响而出现功能受阻，甚至诱发疾病。另外，从现代医学的角度来看，春季护肝有助于人体免疫力的提升。护肝的方法众多，而饮用应时的花草茶是其中非常简单易行的方法。常见的护肝花草包括黄山贡菊、洛神花、桂花、紫苏叶、桑葚等。

◀ 桑葚枸杞菊花茶

养肝益肾，稳定血脂

✿ 养生功效

枸杞（干）　桑葚（干）　菊花（干）　　冰糖

▶ 滋阴养血，补益肝肾，强壮身体。

制作方法

材料：枸杞10颗，桑葚（干品）6颗，菊花5朵，冰糖适量。
冲泡方法：将所有材料放入杯中，冲入沸水，加盖闷泡5分钟即可。

茶材特色

桑葚又名桑果、桑枣。中医认为，它性微寒，味甘酸，归入心经、肝经与肾经，是养肝明目的良药。

【宜忌人群】

耳鸣心悸、烦躁失眠及眼睛疲劳干涩者均可饮用。
脾胃虚寒、大便稀溏等不宜饮用。

爱心提醒

▶ 桑葚还可与红花、鸡血藤一起搭配治疗闭经。

答疑解惑

Q：春季护肝有哪些诀窍？
A：第一，春季是肝病多发时节，春季护肝正逢其时；第二，养生之道，莫大于眠食，养肝首先要睡好觉；第三，根据春夏养阳的原则，春季养肝宜遵守增酸、减甘、温补三大基本准则；第四，坚持运动，保持豁达乐观的心态。

```
1  3  ⑤  8  10
├──┼──┼──┼──┤
15 18 20 25 30
├──┼──┼──┼──┤
```
冲泡时间：
5分钟左右

◀ 桂花花草茶　　疏肝理气，暖胃

✿ 养生功效

薰衣草（干）　桂花（干）　蜂蜜

冲泡时间：10 分钟左右

▶ 清热解毒，美白润肤，平肝润肺，行气暖胃。

制作方法

材料：薰衣草、桂花、蜂蜜各适量。

冲泡方法：在杯中放入所有茶材，加沸水，闷泡 10 分钟，调入蜂蜜即可。

茶材特色

桂花茶主要是采用新鲜的桂花与精选的茶品精心窨制而成。享誉中外的桂花茶名品包括桂花乌龙、桂花红茶等。

【宜忌人群】

脾胃虚寒、脾胃功能较弱的人士及产妇适合饮用。
脾胃湿热者不宜饮用。

爱心提醒

▶ 桂花茶具有活血化瘀的功效，饮后容易刺激胎儿。

◀决明子茶　通气血，助力肝脏排毒

✿ 养生功效

决明子（生）　＋　绿茶

▶ 清热平肝，润肠通便，降脂降压。

| 1 | 3 | ⑤ | 8 | 10 |
| 15 | 18 | 20 | 25 | 30 |

冲泡时间：
5 分钟左右

制作方法

材料：决明子、绿茶各 5 克。

冲泡方法：在杯中放入经小火炒制后的决明子、绿茶及沸水，闷泡 5 分钟即可。

茶材特色

决明子不仅可以用来冲泡花草茶，还可以做成治疗高血脂、习惯性便秘等症的食疗粥。特别是经过炒制的决明子可以减低其苦凉之性，较不伤脾胃。

【宜忌人群】

视物模糊、便秘、高血压及高血脂患者皆可饮用。
脾胃虚寒、脾虚泄泻及低血压患者不宜饮用。

爱心提醒

决明子茶不宜长期饮用，如常饮容易引发肠道疾病，并严重影响便秘的治疗。

◀洛神花茶

解酒保肝，酸甜可口

❀ 养生功效

洛神花（干）　　蜂蜜

1	3	⑤	8	10
15	18	20	25	30

冲泡时间：
5分钟左右

▶ 促进消化，去除油腻，清心解酒。

制作方法

材料：洛神花3朵，蜂蜜1汤匙。

冲泡方法：在杯中放入洗净的洛神花及沸水，加盖闷泡5分钟，温热时调入蜂蜜。

茶材特色

洛神花又名玫瑰茄、洛神葵，经常饮用洛神花茶，能够帮助少女生长发育，帮助熟女抗衰驻颜。

【宜忌人群】

脾胃、肝脏功能不佳者及醉酒者适合饮用。
胃酸过多者不宜饮用。

爱心提醒

▶ 洛神花口味稍酸，如果不怕酸，可以不加蜂蜜或糖调味。不加调味品的洛神花茶减肥效果更佳。

◀黄山贡菊茶 　疏风散热，养肝养颜

黄山贡菊（干）　　冰糖

1	3	5	8	10
15	18	20	25	30

冲泡时间：
5分钟左右

▶ 清热解毒，养肝明目，疏风散热，美容养颜。

制作方法

材料：黄山贡菊4~5颗，冰糖适量。

冲泡方法：将黄山贡菊放入杯中，加沸水，闷泡5分钟调入冰糖即可。

茶材特色

黄山贡菊又名徽菊，主要产于安徽省黄山地区。它的叶底清白，色泽均匀，茶汤澄明晶亮，味道甘醇爽口。

【宜忌人群】

心脑血管疾病及肠道疾病患者适合饮用。

怕冷、手脚冰凉、脾胃虚寒的人士不宜饮用。

爱心提醒

▶ 黄山贡菊不适合长久保存，最好在购买之后一两个月之内喝完。

◀菊花罗汉果茶

清肝明目，防便秘

❀ 养生功效

 +

菊花（干）　罗汉果（干）

1 3 ⑤ 8 10
15 18 20 25 30

冲泡时间：
5分钟左右

▶ 清热润肺，润肠通便，清肝明目，防便秘。

❮ 制作方法 ❯

材料： 菊花3朵，罗汉果1/4颗。

冲泡方法： 在杯中放入菊花和罗汉果，冲入沸水，加盖闷泡5分钟，温饮。

茶 材 特 色

菊花是中国十大名花之一。它不仅可以冲制降低血压和胆固醇的菊花茶，还能做成除湿醒脑的茶枕。

【 宜忌人群 】

经常加班熬夜、火气重且伴有咳嗽者适合饮用。
孕妇、处于经期的女性及脾胃虚寒者不宜饮用。

爱心提醒

▶ 菊花佛手茶具有疏肝理气、清肝热的功效，适合肝火较旺且胸满胀闷的人饮用。

◀ 桑杞五味茶　补肝益肾

桑葚（干）　枸杞（干）　五味子（生）

| 1 | 3 | 5 | 8 | 10 |
| 15 | 18 | 20 | 25 | 30 |

冲泡时间：
15分钟左右

▶ 补肝益肾，辅助治疗原发性青光眼。

制作方法

材料：桑葚 20 克，枸杞 5 克，五味子 3 克。

冲泡方法：将所有茶材放入杯中，冲入沸水，加盖闷泡 15 分钟即可。

茶材特色

桑葚在乌发方面有特效，原因有二：第一，它可以为头发提供充足的营养；第二，桑葚含有乌发素。

【宜忌人群】

原发性青光眼患者适合饮用。
儿童、糖尿病患者及脾虚便溏者不宜饮用。

爱心提醒

▶ 桑葚与麦冬、石斛、玉竹、天花粉等配伍可以治疗阴虚津少、消渴口干。

◀ 养肝明目茶 养肝血，缓解用眼疲劳

❋ 养生功效

 + + +

菊花（干）　枸杞（干）　桂圆（干）　　红枣

| 1 | 3 | 5 | 8 | 10 |
| 15 | 18 | 20 | 25 | 30 |

冲泡时间：
30分钟左右

▶ 养肝血，清血热，防止双眼干涩发红，缓解用眼疲劳。

制作方法

材料：菊花2朵、枸杞5克、干桂圆6粒、红枣4颗。

冲泡方法：将洗净处理好的所有材料放入杯中，冲入沸水，加盖闷泡30分钟即可。

茶材特色

枸杞是茄科植物宁夏枸杞干燥成熟的果实。中医认为它性味平甘，具有补肝益肾的功效。

【宜忌人群】

经常熬夜、视疲劳及近视人士适合饮用。
外邪实热、脾虚有湿及泄泻者不宜饮用。

爱心提醒

▶ 在冲制此茶过程中，一定不要将桂圆的核去掉。

◀鲜松柠檬茶 帮助肝脏排毒

✿ 养生功效

松针（鲜）   柠檬（鲜）   蜂蜜

1	③	5	8	10
15	18	20	25	30

冲泡时间：
3 分钟左右

▶ 祛风，活血，明目，保养心脏，助肝脏解毒。

◖ 制作方法

材料：鲜松针 1 大把，柠檬 1 个，蜂蜜适量。

冲泡方法：将柠檬洗净切开榨汁后加入榨好的鲜松针汁中，3 分钟后调入蜂蜜，拌匀即可。

◖ 茶材特色 ◗

中医认为，松针性温，味苦涩，归入心经、肝经与脾经，具有祛风燥湿、杀虫止痒的功效。

【宜忌人群】

经常熬夜加班者适合饮用。

胃酸过多、胃寒者及处于经期的女性不宜饮用。

爱心提醒

▶ 由于柠檬含有光敏物质，故饮用柠檬鲜松汁后不宜晒太阳。

◄芦荟苹果茶

清肝火，清胃热

❀ 养生功效

荟叶（鲜）　　苹果（鲜）　　柠檬（鲜）　　冰糖

冲泡时间：
20 分钟左右

1 3 5 8 10
15 18 20 25 30

► 清肝火，轻微热，防止讲话过多导致声音嘶哑。

制作方法

材料：新鲜芦荟叶、鲜柠檬各 500 克，苹果 250 克，冰糖 100 克。

冲泡方法：将芦荟、苹果洗净，苹果去皮切丁，与芦荟一起榨汁，在苹果芦荟汁中加入冰糖，煮 20 分钟加入柠檬汁，煮几分钟，饮用时以纯净水稀释。

茶材特色

苹果是水果中的保健医生。它既能调和脾胃功能，提升消化功能，又能降低血脂，帮助身体排毒。

【宜忌人群】

肠胃有热、经常便秘及声音嘶哑的人士适合饮用。孕妇及体质过敏者不宜饮用。

爱心提醒

► 茶中所用芦荟可以自行种植。每隔一两周浇一次水即可。

◀菊明茶　疏肝降压，提神醒脑

✿ 养生功效

山楂（干）　贡菊（干）　决明子（生）

▶ 清肝降压，润肠通便，提神醒脑。

1	3	5	8	⑩
15	18	20	25	30

**冲泡时间：
10 分钟左右**

制作方法

材料：山楂、贡菊各 5 克，决明了 10 克。

冲泡方法：在杯中放入所有茶材及沸水，加盖闷泡 10 分钟即可。

茶材特色

决明子，是草本植物决明或小决明干燥成熟的种子。中医认为，它具有清肝明目、润肠通便的功效。

[宜忌人群]

高血压、习惯性便秘患者适合饮用。

孕妇、胃酸过多者及消化不良者不宜饮用。

爱心提醒

▶ 饮用菊明茶时，一定要注意不宜同时食用鸡肉、猪肉、芹菜等。

◀金楂茶　清热润喉，消食开胃

❋ 养生功效

 ＋ ＋

金银花（干）　山楂（干）　罗汉果（生）

冲泡时间：
10分钟左右

1 3 5 8 ⑩
15 18 20 25 30

▶ 清热解毒，散风止痛，消食。

制作方法

材料：金银花、山楂片、罗汉果各5克。

冲泡方法：在杯中加入所有材料，冲入沸水，加盖闷泡10分钟即可。

茶材特色

金银花的茎、叶和花都可入药，均具有解毒杀菌、消炎止痒的效用。夏季防痱用的金银花露即是如此。

【宜忌人群】

风热感冒、发热头痛及口渴的人士皆可饮用此茶。

虚寒体质者及处于经期的女性不要饮用。

爱心提醒

▶ 除去金银花与罗汉果，山楂还可以同洛神花配伍，起到活血益气的效用。另外，冲制山楂洛神茶时最好采用锅煮法。

◀黑米茶　健脾护肝

黑米（炒）　　红糖

1 3 5 8 ⑩
15 18 20 25 30

冲泡时间：
10分钟左右

▶ 健脾暖肝，滋阴补肾，明目活血。

◖制作方法

材料：黑米40克，红糖适量。

冲泡方法：将炒香的黑米同红糖一起放入杯中，冲入沸水，闷泡10分钟即可。

●茶材特色

黑米素有"贡米""药米""长寿米"的美誉。它的种植历史悠久，代表品种有贵州黑糯米、陕西黑米等。

【宜忌人群】

由肝火导致的失眠、腹胀、便秘患者适合饮用。消化不良者及脾胃弱的儿童、老年人不宜饮用。

爱心提醒

▶ 在用黑米煮粥前最好能先浸泡一夜，否则容易出现急性肠胃炎。

调脾胃

　　"三浊"（浊气、浊水、宿便）是脾胃功能不佳的典型表现。医学专家指出，"三浊"的危害巨大，可能淤塞经脉血管，滋生入侵人体的病邪，影响睡眠，造成脂肪肝或是脓瘤肿块，完全称得上是万病之源。因此，对于人们而言，在阳气生发的春季调理脾胃，防病于未然，非常必要。调理脾胃的方法众多，坚持规律的作息、保持愉快的心情、坚持运动都是不错的选择。除此之外，饮用花草茶也不失为一种好方法。常见的调理脾胃的花草包括陈皮、柠檬、甘草、山楂等。

◀大麦茉莉茶　　　健胃消食，去油降脂

❀ 养生功效

大麦（生）　茉莉花（干）

▶ 降脂减肥，和中下气，健胃消食。

◖制作方法

材料：大麦5克，茉莉花2克。

冲泡方法：在杯中放入大麦、茉莉花，冲入沸水，加盖闷泡10分钟即可。

◖茶材特色

中医认为，大麦性味平甘，具有消渴除热、平胃止渴、益气调中、宽胸下气的功效，常用于食欲不振等症。

【宜忌人群】

经常上网、长期熬夜、便秘及脸上常长痘者适合饮用。
食少乏力、面黄肌瘦者及积食的儿童不宜饮用。

```
1  3  5  8  ⑩
├──┼──┼──┼──┤
15 18 20 25 30
├──┼──┼──┼──┤
```

冲泡时间：
10分钟左右

爱心提醒

▶ 大麦还可以同姜汁、蜂蜜配伍煮成治疗小便淋漓涩痛的大麦姜汁汤。

◖答疑解惑

Q：春季如何选择调理脾胃的食材？

A：根据中医五行理论，春季调理脾胃主要需多摄入黄色食物。常见的调理脾胃食物包括地瓜、南瓜、莲子等。其中地瓜富含膳食纤维，可以有效地防止便秘，提升人体免疫力；南瓜能够深入胃经和大肠经，具有润肺补脾的功效。

◀ 甘草健脾茶　健脾益肺，补气生津

❁ 养生功效

甘草（生）　乌梅（干）　蜂蜜

冲泡时间：
10分钟左右

1 3 5 8 ⑩
15 18 20 25 30

▶ 滋补脾胃，补气生津，推迟血管硬化，防老抗衰。

制作方法

材料：甘草3克，乌梅1颗，蜂蜜适量。

冲泡方法：将所有茶材放入杯中，冲入沸水，加盖闷泡10分钟即可。

茶材特色

甘草素有"中草药之王"的美誉。中医认为，甘草性味甘平，具有清热解毒、益气和中的功效。

【宜忌人群】

体虚乏力、心悸、口渴、肺虚咳嗽、肝病患者宜饮用此茶。表实邪盛者不宜饮用。

爱心提醒

▶ 甘草大米粥可起到阴虚肺热、养阴生津的效用。

◀桂圆黄芪茶

生心血，守脾气

❀ 养生功效

 + +

黄芪（生）　桂圆（干）　枸杞（干）

冲泡时间：
30 分钟左右

▶ 益脾开胃，滋补强体，润肤美容。

制作方法

材料：桂圆、黄芪各一小把，枸杞适量。

冲泡方法：在锅中放入桂圆、黄芪，加清水煮 25 分钟，再加入枸杞，闷 5 分钟即可。

茶材特色

黄芪根据炮制方法的不同可以分为黄芪、炒黄芪、米炒黄芪、酒黄芪、盐黄芪与蜜黄芪等多个种类。

【宜忌人群】

体虚贫血者及经期刚过的女性适合饮用。
痰火郁结、咳嗽痰黏者不宜饮用。

爱心提醒

▶ 黄芪性温，能够补气升阳，但春季使用黄芪极易上火。

◀陈皮甘草茶

健脾益气，预防消化不良

❀ 养生功效

 +

陈皮（干）　甘草（生）

▶ 理气健胃，燥湿化痰，清热解毒，助消化。

制作方法

材料：陈皮、甘草各3克。

冲泡方法：在杯中放入陈皮和甘草，冲入沸水，闷泡10分钟即可。

茶材特色

陈皮实际上就是橘子的皮。它富含维生素、挥发油等营养成分，可以起到降低胆固醇的效用。

[宜忌人群]

脑血管动脉硬化患者及胆固醇较高者适合饮用。

气虚体燥、阴虚燥咳者不宜饮用。

爱心提醒

陈皮粥具有和胃理气、化痰止咳的功效，可用于脾胃亏虚、胃脘胀痛等症的治疗。

◀柠檬红茶　理气和胃，降低血液黏稠度

❖ 养生功效

 ＋ ＋

柠檬（干）　　红茶　　　白糖

1	3	⑤	8	10
15	18	20	25	30

冲泡时间：
5分钟左右

▶ 理气和胃，生津止渴，消炎。

制作方法

材料：柠檬2片，红茶、白糖各3克。

冲泡方法：在杯中加入红茶和沸水，5分钟后滤出茶汤后放入柠檬片、白糖，拌匀后即可饮用。

茶材特色

柠檬片有干、鲜之分。用干柠檬片冲泡，最好用温水，以免沸水大量杀死柠檬中所含的维生素C。

【宜忌人群】

电脑族、工作压力较大者及感冒患者适合饮用。胃酸过多者不宜饮用。

爱心提醒

▶ 具有舒压排毒功效的柠檬红茶是下午茶的上佳之选，但在冲泡时要保证水温比泡普通茶时稍高。

◀月桂茶

增进食欲，促进胃动力

❀ 养生功效

 +

月桂叶（干）　　蜂蜜

1	3	5	8	10

15	18	20	25	30

冲泡时间：
5分钟左右

▶ 开胃助消化，消除疲劳感，增强身体活力。

制作方法

材料：月桂叶4片，蜂蜜少许。

冲泡方法：将洗净的月桂叶放入杯中，冲入沸水，加盖焖泡5分钟，调入蜂蜜即可。

茶材特色

月桂又名香叶，是一种散发着清爽淡雅气息的亚热带树种，常被用于西式或泰式的料理中。

【宜忌人群】

腹胀、腹痛、消化不良的人士均可饮用。
孕妇及哺乳期女性不宜饮用。

爱心提醒

选购月桂时要注意，优质的新鲜月桂叶片饱满，颜色翠绿，干茶则叶片干燥完整。

◀甘草薄荷茶

清新肠胃，促进肠运动

❀ 养生功效

甘草（生）　柠檬（鲜）　薄荷叶（干）

▶ 清除体内垃圾，保持口气的清新及肠胃的健康。

冲泡时间：
10 分钟左右

1 3 5 8 ⑩
15 18 20 25 30

◖ 制作方法

材料：甘草、新鲜柠檬各 2 片，薄荷（干品）5 克。

冲泡方法：将甘草与薄荷充分混合后放于杯中，加沸水闷泡 10 分钟，加入柠檬即可。

◖ 茶材特色

甘草有生甘草与炙甘草之分。其中生甘草主治咽喉肿痛、食物中毒；炙甘草主治脾胃功能减退。

【宜忌人群】

脾胃虚弱、食少倦怠、心悸气短、药食中毒、咽喉肿痛者适合饮用。
孕妇不宜多饮。

爱心提醒

▶ 冲泡花草茶时放入甘草，会使茶品味道变得更为甘甜爽口。

◀参术健脾茶

益脾健胃，助消化

❀ 养生功效

党参（炙）　白术（生）　陈皮（干）　麦芽（炒）

1	3	5	8	10
15	18	20	25	30

冲泡时间：
20 分钟左右

▶ 健脾益气，利水燥湿，滋养脾胃，提升消化功能。

制作方法

材料：党参、白术、陈皮、炒麦芽各 10 克。

冲泡方法：将所有材料放入锅中，加清水大火煮沸，再小火煮 20 分钟取汁饮用。

·茶材特色·

白术主要产于我国浙江、河北等省。中医认为，它性温味甘，具有温中益气、强脾胃、除胃热的功效。

【宜忌人群】

食欲不振、消化不良及疲劳无力者适合饮用。
伤食而中焦积滞壅积者不宜饮用。

爱心提醒

▶ 白术还可以充当食物中的调味品。

◀ 灵芝山楂茶

调理身体，促消化

❀ 养生功效

 +

灵芝（生）　山楂（干）

▶ 开胃消食，化痰行气，增强记忆力。

冲泡时间：
5 分钟左右

1 3 ⑤ 8 10
15 18 20 25 30

制作方法

材料：灵芝 4 片，山楂 6 颗。

冲泡方法：在杯中放入灵芝和山楂，冲入沸水，加盖闷泡 5 分钟即可。

·茶材特色·

灵芝是名贵中医药材，以紫芝的药用价值最高。灵芝不仅可以治疗"三高"，还可以美容养颜。

【宜忌人群】

"三高"患者适合饮用。

对灵芝过敏及大出血患者不宜饮用。

爱心提醒

▶ 灵芝山楂茶还可以采用锅煮法，且效果比冲泡法更佳。此外，此茶不宜在饭前饮用。

◀三七柠檬茶　　益气活血，滋养脾胃

❉ 养生功效

 ＋

三七花（干）　柠檬（干）

1	3	5	8	10

15	18	20	25	30

冲泡时间：
5 分钟左右

▶ 益气活血，滋养脾胃，调节内分泌，预防各种疾病。

制作方法

材料：三七花 5 克，柠檬 1~2 片。

冲泡方法：在杯中放入三七花、柠檬及适量沸水，静置 5 分钟即可。

茶材特色

三七花不仅可与其他茶材搭配冲制花草茶，还能够制作药膳。食用三七花茄汁香蕉能够润肺滑肠，清热平肝。

【宜忌人群】

心血管疾病患者及更年期女性适合饮用。胃酸过多及孕妇不宜饮用。

爱心提醒

　三七柠檬茶不仅能够滋养脾胃，还是缓解更年期综合征的上佳之选。

茴香茶　疏肝养胃，缓解肠胃不适

✿ 养生功效

 ＋ ＋

粉玫瑰（干）　茴香（干）　柠檬草（干）

▶ 温脾开胃，疏肝理气，缓解肠胃不适。

```
1 ③ 5 8 10
├─┼─┼─┼─┤
15 18 20 25 30
├─┼─┼─┼─┤
```

冲泡时间：
3 分钟左右

制作方法

材料：粉玫瑰花（干品）3 朵，小茴香、柠檬草各 5 克。

冲泡方法：将所有茶材放入杯中，加沸水，加盖闷泡 3 分钟即可。

茶材特色

茴香又名怀香、香丝菜、小茴香，是草本植物小茴香的果实，主要产于欧洲、地中海沿岸及我国各地。

腹胀疼痛及胃寒气滞者适合饮用。
阴虚火旺者不宜饮用。

爱心提醒

▶ 茴香还可以用作香料，用于海鲜、肉类及烧饼等面食的烹调。

◀茴香大麦茶

帮助消化，促进新陈代谢

❀ 养生功效

茴香（干）　　大麦茶

1 3 ⑤ 8 10
15 18 20 25 30

冲泡时间：
5分钟左右

▶ 温肾祛寒，调理肠胃，帮助消化。

制作方法

材料：茴香3克，大麦茶适量。

冲泡方法：将大麦茶冲泡成茶汤，然后将茶汤倾入放好茴香的杯中，闷泡5分钟即可。

·茶材特色

茴香富含蛋白质、多种维生素及铁、钙等多种人体必备的微量元素。茴香子和茴香油也具有药用价值。

【宜忌人群】

食欲不振者及哺乳期女性适合饮用。
孕妇不宜过多饮用。

爱心提醒

▶ 使用茴香油可以令人们在腹气胀时排出气体，减轻疼痛。

◀ 藿香姜枣茶　暖胃助消化，缓解胃痉挛

❀ 养生功效

 + +

藿香叶（干）　姜片（干）　红枣（干）

```
1  3  5  8  10
⑮ 18 20 25 30
```

冲泡时间：
15分钟左右

▶ 芳香化浊，助消化，缓解肠胃感冒与胃痉挛。

制作方法

材料：藿香叶 15~20 克，姜片、红枣适量。

冲泡方法：在杯中放入所有茶材及适量沸水，静置 15 分钟，温饮。

茶材特色

藿香味辛性微温，能够深入肺经、脾经、胃经，鼎鼎大名的藿香正气水就是以它为主要原料。

【宜忌人群】

食欲不振者、肠胃感冒及胃痉挛患者适合饮用。阴虚火旺体质者不宜饮用。

爱心提醒

▶ 藿香与连翘、半夏搭配煮成的藿香汤可以起到清暑散热的效用。

枸杞桂圆茶

润肺暖胃，滋养护肤

冲泡时间：
8分钟左右

1 3 5 8 10
15 18 20 25 30

❀ 养生功效

桂圆（鲜）   枸杞（干）

▶ 润肺去寒，补心益脾，滋养皮肤。

制作方法

材料：桂圆 2 颗，枸杞 3 克。

冲泡方法：将桂圆剥壳，同枸杞一并冲洗一下。放入杯中，冲入适量沸水，盖上盖子闷泡 8 分钟，即可饮用。

茶材特色

枸杞能够去寒、养肝润肺；桂圆能够补益心脾、养血安神、润肤美容。二者搭配在冬季食用，是滋补的佳品。

宜忌人群

冬季面色暗黄、皮肤干燥者适宜饮用。寒咳体热者不适宜过多饮用。

爱心提醒

▶ 龙眼花是一种重要的蜜源植物，龙眼蜜也是蜂蜜中的珍品。

第三章

夏季喝花草茶：
防暑祛湿精神好

　　每年5月初，时令便进入夏季。夏季是一年中气温最高的季节，阳气也最为旺盛，人们也会因为阳气外发而感觉精神百倍。但是，我们不应忽视的一点是酷暑、湿热为夏季最主要的气候特点。暑气入侵人体后容易导致机体内盐水比例失衡，而"湿热"则会造成脾胃功能紊乱，为很多人带来"苦夏"症状。此时若能饮上一杯防暑祛湿的花草茶，定会感到轻松惬意，精神百倍。

消暑气

跨过清爽宜人的春季，接踵而至的是天气炎热的夏季。在炎炎夏日中，由于持续高温，人们的食欲普遍变差，而且人体内营养的流失速度也加快了，甚至还有不少人"上火"了。深受"上火"困扰的人们常会出现牙痛、喉咙痛等症状。虽说这些症状并不会对身体造成致命的伤害，但在酷热的夏季中，即便是小痛小痒也常常让大家心生烦躁，对日常的工作和生活造成一定程度的影响。为了有效地降低这些影响，适量地饮用一些花草茶，尤其是凉茶是一个不错的选择。

◀乌梅甘草茶　　生津止渴送清爽

✿ 养生功效

乌梅（干）　甘草（生）　山楂（干）　玫瑰花（干）

▶ 生津止渴，理气敛肺，解除抑郁。

● 制作方法

材料：乌梅8颗，甘草2片，山楂6片，玫瑰花少许。

冲泡方法：将所有茶材放入锅中，加清水，大火煮沸，后用小火熬煮30分钟，稍凉调入蜂蜜。

● 茶材特色

中医认为，乌梅性平，味酸涩，归入脾经、肝经、肺经与大肠经，具有生津敛肺、涩肠安蛔的功效。

爱心提醒

▶ 乌梅还可以同五味子、炙僵蚕配伍做成降血糖的药丸。

【宜忌人群】

腹泻、肠胃功能不佳者适合饮用。

感冒者及孕妇不宜饮用。

● 答疑解惑

Q：如何才能在消暑气的同时不伤阳气？

A：中医自古以来就有"春夏养阳，秋冬养阴"的说法。夏季消暑养阳主要包括以下两点：首先，凉冷饮食要适度，不宜"贪凉阴冷"耗伤阳气；其次，体质虚寒者可以采取针灸、热疗等冬病夏治的方法来温暖脏腑。

1 3 5 8 10
15 18 20 25 30

冲泡时间：
30分钟左右

◀柠檬苦瓜茶

清热解毒，防中暑

❀ 养生功效

 + + +

柠檬（干）　苦瓜片（干）　荷叶（干）

▶ 消水肿，降低血压和血脂，清热解暑。

1 3 5 8 10
⑮ 18 20 25 30

冲泡时间：
15 分钟左右

制作方法

材料：柠檬 5 克，苦瓜干 4 片，干荷叶 1/4 片。

冲泡方法：将所有茶材（荷叶切片）放入杯中，冲入沸水，闷泡 15 分钟即可。

茶材特色

苦瓜全草皆可入药，是美容的好帮手。炎炎夏日，在面部敷上冰过的苦瓜片可以消暑解燥。

【宜忌人群】

中暑者及希望减肥纤腿者皆可饮用。
胃酸过多者、脾胃虚寒者不宜饮用。

爱心提醒

▶ 大家可以选择在吃大餐前或感觉火气较大时连续饮用柠檬苦瓜茶。

◀草莓清热茶

去腻味，生津止渴

❀ 养生功效

草莓（鲜）　　绿茶

| 1 3 5 8 10 |
| 15 18 20 25 30 |

冲泡时间：
3 分钟左右

▶ 草莓味酸甘，具有生津止渴、清暑解热的功效；饮用草莓清热茶能够生津解暑，提神醒脑，清新口气。

制作方法

材料：鲜草莓 6 颗，绿茶 3 克。

冲泡方法：将鲜草莓去蒂洗净切块后放入锅中，加适量清水；大火煮沸后，再以小火煮 3 分钟；以草莓汁冲泡绿茶，温饮即可。

茶材特色

中医认为，草莓性凉，味酸甘，能够深入肺经与脾经，具有清热解暑、止咳利咽的功效，主要用于风热咳嗽等症的治疗。

【宜忌人群】

夏季烦热口感、风热咳嗽、腹泻者及三高患者适合饮用。

孕妇、儿童、发热、便秘、神经衰弱者不宜饮用。

爱心提醒

鲜草莓有解酒的效用。当遇到酒后头昏不适的情况时，可以选择食用 100 克洗净的鲜草莓，注意一定要一次性吃完。

◀莲子心茶 清热、强心

❖ **养生功效**

 +

莲子心（干） 甘草（生）

▶ 清心安神，改善夏季心烦少眠。

冲泡时间：
8分钟左右

● **制作方法**

材料：莲子心、甘草各2克。

冲泡方法：在杯中放入茶材，加沸水，闷泡8分钟，温饮。

● **茶材特色**

中医认为，莲子心性味苦寒，归入心经、肺经与肾经，具有清心去热、止血涩精的功效。

【宜忌人群】

体热、便秘、烦躁多梦、压力较大者适合饮用。
脾虚便溏者不宜饮用。

爱心提醒

▶ 莲子心茶还是中老年人尤其是脑力劳动者的健脑茶。经常饮用可以提升记忆力。

◀山楂乌梅茶

降暑气，去火气

❀ 养生功效

冲泡时间：
15 分钟左右

| 山楂（干） | 乌梅（干） | 洛神花（干） | 蜂蜜 |

▶ 开胃消食，活血散瘀，缓解虚热烦渴。

● 制作方法

材料：山楂、乌梅各 15 克，洛神花 6 克，蜂蜜适量。

冲泡方法：将所有茶材放入杯中，冲入沸水，闷泡 15 分钟，调入蜂蜜即可饮用。

● 茶材特色

洛神花的花萼、种子、茎叶皆可利用。其中花萼常被当作食品的天然色素和调味料及冲泡花草茶的原料。

【宜忌人群】

暑热烦躁及食欲不振者皆可饮用。孕妇不宜饮用。

爱心提醒

▶ 山楂乌梅茶冷饮热饮皆可，功效并不会受到影响。

◀乌梅凉茶　　清凉解暑，生津止渴

✿ 养生功效

 ＋

乌梅（干）　　　绿茶

| 1 | 3 | ⑤ | 8 | 10 |
| 15 | 18 | 20 | 25 | 30 |

冲泡时间：
5 分钟左右

▶ 生津止咳，提神静心，清暑解烦。

制作方法

材料：乌梅 1 颗，绿茶 3 克。

冲泡方法：在杯中放入乌梅和绿茶，冲入沸水，闷泡 5 分钟，温饮。

茶材特色

现代药理研究认为，乌梅是碱性食品，其所含的大量有机酸可以有效地杀灭侵入胃肠道的病原菌。

【宜忌人群】

便秘、腹泻、虚热烦渴、久咳者及伴有孕吐的孕妇适合饮用。感冒发热、咳嗽多痰者不宜饮用。

爱心提醒

▶ 夏天，将乌梅与砂糖搭配熬制成酸梅汤也是一种不错的选择。

◀ 清暑花茶

清暑解热，芳香开窍

❀ 养生功效

野菊花（干）　茉莉花（干）

▶ 促进胃肠蠕动，清暑解热，提神醒脑。

制作方法

材料：野菊花 2 克，茉莉花 3 克。

冲泡方法：在杯中放入茉莉花和野菊花，倾入适量沸水，闷泡 5 分钟即可。

茶材特色

野菊花又名山菊花、干菊花，主要分布于我国吉林、辽宁、河北等地。

【宜忌人群】

暑热烦躁、容易疲倦者适合饮用。
脾胃虚寒者及孕妇不宜饮用。

爱心提醒

野菊花性味微寒，如果常人服用数量过多或服用时间过长，都有可能伤及脾胃阳气。

◀萝卜蜂蜜饮　　清热生津，健脾益气

❀ 养生功效

白萝卜（鲜）　　花茶　　蜂蜜

▶ 增强食欲，加快胃肠蠕动，清暑助消化。

制作方法

材料：白萝卜半根，花茶5克，蜂蜜适量。

冲泡方法：在锅中放入去皮洗净的萝卜块，加清水煮20分钟，滤汁后加入花茶茶汤中，并调入蜂蜜拌匀。

茶材特色

白萝卜是一种生熟皆可食用、用途广泛的中药。它性味略带辛辣，具有止咳化痰、促消化的功效。

【宜忌人群】

风寒感冒且伴有咳嗽症状者适合饮用。
风热感冒并伴有咳嗽症状者不宜饮用。

爱心提醒

白萝卜不宜与胡萝卜同食。

◀茅根清热茶

清热，利尿，通淋

❖ 养生功效

灯芯草（干） 白茅根（干） 绿茶

▶ 清心降火，利尿通淋，消解暑气。

● 制作方法

材料：灯芯草、白茅根、绿茶各 3 克。

冲泡方法：将所有茶材放入杯中，冲入沸水，加盖闷泡 5 分钟即可。

● 茶材特色

灯芯草又名灯心草、龙须草，是一种多年生的草本植物，主要分布于我国的河北、陕西、四川等省。

【宜忌人群】

心烦失眠及小便少而发黄者、水肿患者适合饮用。
脾胃虚寒、腹泻便溏者不宜饮用。

爱心提醒

灯芯草与淡竹叶、车前草配伍冲泡后可用于小儿心热夜啼症状的治疗。

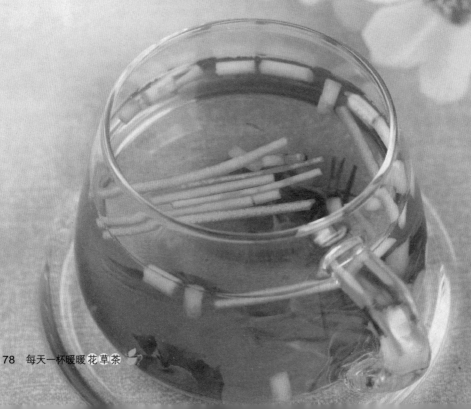

◀金钱黄柏茶

清热泻火，燥湿利尿

1 3 5 8 ⑩
15 18 20 25 30

冲泡时间：
10分钟左右

❀ 养生功效

 +

金钱草（生） 黄柏（炒）

▶ 清热利湿，泻火除蒸，消除暑气。

制作方法

材料：金钱草、炒黄柏各2克。

冲泡方法：在杯中放入金钱草和炒黄柏，冲入沸水，加盖闷泡10分钟即可。

茶材特色

金钱草，又名地蜈蚣、蜈蚣草，多生于四川及长江流域各省市。

【宜忌人群】

肺热咳嗽、疮疡肿毒、湿疹瘙痒者适合饮用。
对金钱草过敏的人士不宜饮用。

爱心提醒

▶ 金钱黄柏茶不宜经常饮用或一次性饮用过多，否则会出现过敏反应或引发接触性皮炎。

◀冬瓜茶　　去燥消暑

❀ 养生功效

冬瓜（鲜）　荷叶（干）　夏枯草（干）

| 1 | 3 | 5 | 8 | 10 |
| 15 | 18 | 20 | 25 | ㉚ |

冲泡时间：
30分钟左右

▶ 清热散结，清肝明目，消暑利湿，助消化。

◉ 制作方法

材料：冬瓜300克，荷叶（干品）、夏枯草各20克。

冲泡方法：在锅中放入所有材料（冬瓜洗净去皮切块），加清水，煮30分钟即可盛出。

◉ 茶材特色

冬瓜又名白瓜，中医认为，它性微寒，味甘淡，具有清热解毒、祛除暑湿、除烦止渴等功效。

【宜忌人群】

暑湿燥热、面部有斑者及水肿患者皆可饮用。
脾胃虚寒者不宜饮用。

爱心提醒

▶ 煮好的冬瓜茶最好一次性喝完，否则茶品容易变质成为"伤身茶"。

◀ 茉莉荷叶藿香茶

清热解暑，抗菌消炎

1 3 ⑤ 8 10
15 18 20 25 30
冲泡时间：
5 分钟左右

❋ 养生功效

茉莉花（干）　荷叶（干）　藿香（干）

▶ 清热解暑，宁心安神，抗菌消炎。

◗ 制作方法

材料：茉莉花、荷叶各 3~5 克，藿香 1~3 克。

冲泡方法：在杯中放入所有材料，冲入沸水，加盖闷泡 5 分钟后即可。

茶材特色

藿香还可制成药膳。其中以其为主要原料的藿香粥具有和胃止呕的功效，常用于治疗暑湿感冒。

【宜忌人群】

轻度中暑、暑热烦躁及流感患者适合饮用。
孕妇及处于经期的女性不宜饮用。

爱心提醒

▶ 在此茶中加入少量蜂蜜可以帮助便秘患者润肠通便。

◀荷叶凉茶　防暑降温

❀养生功效

荷叶（干）　＋　甘草（生）　＋　冰糖

1 3 ⑤ 8 10
┼┼┼┼┼
15 18 20 25 30
┼┼┼┼┼
冲泡时间：
5分钟左右

▶ 清暑利湿，升阳发散，利尿解渴。

◖制作方法

材料：荷叶、甘草各2克，冰糖适量。

冲泡方法：在杯中放入荷叶、甘草及适量沸水，闷泡5分钟，去渣取汁，调入冰糖，温饮。

◖茶材特色

荷叶是睡莲科植物莲的叶子。中医认为，它性平，味苦涩，具有清暑利湿、凉血止血、升发清阳的功效。

【宜忌人群】

身体虚弱及中暑者适合饮用。
气虚、风寒感冒者及孕妇、经期女性不宜饮用。

爱心提醒

▶ 冲制荷叶凉茶时选用碎块的荷叶比较恰当。

◂枇杷竹叶茶

清热生津，止渴消暑

❀ 养生功效

 +

枇杷叶（干）淡竹叶（干）

▶ 清热润肺，止咳化痰，消暑平喘。

1	3	⑤	8	10
15	18	20	25	30

冲泡时间：5分钟左右

◉ 制作方法

材料：枇杷叶2克，淡竹叶1克。

冲泡方法：在杯中加入枇杷叶、淡竹叶及适量沸水，加盖闷泡5分钟，温饮。

茶材特色

枇杷叶又名芦桔叶、巴叶，中医认为，它性平味苦，具有清肺止咳、和胃降逆、止渴的功效。

【宜忌人群】

发热咳嗽、口渴津少、咳痰黏稠者适合饮用。风寒感冒、恶寒明显者不宜饮用。

爱心提醒

▶ 枇杷叶同桑白皮、黄芩配伍冲泡可以起到治疗肺热咳嗽的效用。

◀冬瓜皮茶　　清热利水，消暑生津

冬瓜皮（干）　　干姜

1	3	5	8	⑩

15	18	20	25	30

冲泡时间：10分钟左右

▶ 清热解毒，祛湿解暑，杀菌降火。

制作方法

材料：冬瓜皮3克，干姜1片。

冲泡方法：在杯中放入冬瓜皮、干姜及适量沸水，闷泡10分钟即可。

茶材特色

中医认为，冬瓜皮味甘，性微寒，归入脾经、肺经和小肠经，具有清热、利水、消肿的功效。

【宜忌人群】

夏季心烦气躁、感觉不舒服的人士适合饮用。
小便不利、热病口干烦渴的人士不宜饮用。

爱心提醒

▶ 冬瓜皮还可同西瓜皮、白茅根、玉米须、赤小豆等配伍治疗全身浮肿等症。

安心神

中医五行理论认为，夏天为火季，心为火脏，心火应于夏热，故火气通心。因此，夏季养心是尤为必要的。夏季天气炎热，人们需要通过排汗来散热。而汗从血中来，排汗的过程会使血液循环加快，从而加重心脏的负担，引发心神不安、情绪烦躁等症状。若要做好养心工作，安定心火、补养心液、疏通血脉三项原则一个也不能少。而饮用花草茶就是补养心液最简单易行的方法。经常饮用柠檬草、竹叶、薄荷等花草冲制的花草茶可以起到安神减压、清火止烦的功效。

◀柠檬草百合花茶　　安神减压

❖ 养生功效

 +

柠檬草（干）　百合花（干）

▶ 清心安神，润肺止咳，减压。

| 1 | 3 | ⑤ | 8 | 10 |
| 15 | 18 | 20 | 25 | 30 |

冲泡时间：
5 分钟左右

● 制作方法

材料：柠檬草 1 茶匙，百合花 3 朵。

冲泡方法：在杯中放入柠檬草和百合花，加沸水，闷泡 5 分钟即可。

·茶材特色·

药用柠檬草具有健胃利尿、滋润肌肤、补血健脾的功效，常用来祛除胃肠胀气、助消化、治疗胃痛等症。

【宜忌人群】

暑热烦躁、心悸失眠者均可饮用。
孕妇及寒性体质者不宜饮用。

爱心提醒

▶ 柠檬草同迷迭香、马鞭草、甜菊叶配伍冲泡，可以起到紧实腿部曲线、增强人体活力的功效。

·答疑解惑·

Q：夏季养心需要注意哪些细节？

A：夏季养心需要抓住一个"清"字。具体说来，主要包括三个方面的内容：第一，思想宜清净，放下烦躁情绪，思想平和，心静自然凉。第二，饮食宜清淡。清淡饮食可以清热防暑，增进食欲。第三，住房宜清凉。

◀灯芯草竹叶茶　清火止烦

❀ 养生功效

 +

灯芯草（干）　竹叶（干）

冲泡时间：
8分钟左右

1 3 5 ⑧ 10
15 18 20 25 30

▶ 清火利湿，生津利尿，除烦安神。

制作方法

材料：灯芯草、竹叶各 3 克。

冲泡方法：将灯芯草、竹叶放入杯中，冲入沸水，闷泡 8 分钟即可。

茶材特色

竹叶具有食用和药用双重价值。它不仅能冲制花草茶，还可同鸽蛋、红豆等配伍制作药膳。

【宜忌人群】

燥热安神、失眠、口舌生疮者适合饮用。
脾胃虚寒、小便不禁者不宜饮用。

爱心提醒

▶ 灯芯草生于潮湿、沼泽之地，服用它可以解除心热烦躁、小儿夜啼的症状。

◀薄荷茶　清凉醒神

❀ 养生功效

薄荷叶（干）　＋　绿茶　＋　冰糖

冲泡时间：
3分钟左右

1 ③ 5 8 10
15 18 20 25 30

▶ 发散风热，清利咽喉，疏肝解郁，止痒。

● 制作方法

材料：薄荷2克，绿茶3克，冰糖适量。

冲泡方法：在杯中放入薄荷、绿茶及适量清水，加盖闷泡3分钟，去渣取汁，调入冰糖。

● 茶材特色 ●

薄荷是一种原产于地中海一带的药用植物。它种类繁多，常用于冲泡花草茶的品种是胡椒薄荷。

【宜忌人群】

胃胀气、消化不良、胃痛头痛及暑热烦渴者适合饮用。
孕妇、产妇及幼儿不宜饮用。

爱心提醒

▶ 薄荷茶应用虽广但不宜长期饮用。

◀柠檬马鞭草茶

提神镇静

1	3	5	8	10

15	18	20	25	30

冲泡时间：
5分钟左右

❋ 养生功效

 +

柠檬马鞭草（干）　蜂蜜

▶ 改善焦虑及神经衰弱，镇定安神。

◎ 制作方法

材料：柠檬马鞭草（干品）3 片，蜂蜜适量。

冲泡方法：在杯中加入柠檬马鞭草及沸水，加盖闷泡 5 分钟，调入蜂蜜即可。

• 茶材特色 •

柠檬马鞭草又名香水木、防臭木，具有强烈的柠檬香味。它可以做成清新口气、安顿身心的饮品及香水等。

【宜忌人群】

神经衰弱及皮肤病患者适合饮用。
孕妇不宜饮用。

爱心提醒

▶ 饮用柠檬马鞭草茶时，饮用者可以根据自己的口味调入蜂蜜或者枫糖。

◀ 迷迭香茶 活力醒神

✿ 养生功效

 +

迷迭香（干）　薰衣草（干）

冲泡时间：
15 分钟左右

▶ 促进血液循环，集中精力，提神醒脑。

制作方法

材料：迷迭香（干品）、薰衣草各 3 克。

冲泡方法：在茶壶中放入迷迭香、薰衣草及适量沸水，加盖闷泡 15 分钟即可。

茶材特色

迷迭香又名万年老、玛利亚的玫瑰，它拥有革质的硬叶和辛辣的味道，可以用于冲泡花草茶。

【宜忌人群】

头晕、紧张性头痛、风湿酸痛患者适合饮用。
高血压患者及孕妇不宜饮用。

爱心提醒

　　由于迷迭香本身可以振奋精神，故睡前最好不要饮用迷迭香茶，以免影响睡眠质量。

◀玫瑰香蜂草茶

理气、解郁、安神

❀ 养生功效

 +

玫瑰花（干）　香蜂草（干）

▶ 理气养肝，安神解郁，促进血液循环。

| 1 | 3 | 5 | 8 | 10 |
| 15 | 18 | 20 | 25 | 30 |

**冲泡时间：
5分钟左右**

◖ 制作方法

材料： 玫瑰花（干品）8朵，香蜂草（干品）5克。

冲泡方法： 将茶材混合后放入杯中，加沸水，闷泡5分钟即可。

• 茶材特色 •

香蜂草又名薄荷香脂、蜜蜂花，具有柠檬香味，原产于地中海沿岸。

【宜忌人群】

头痛、腹痛、暑热心烦者及支气管炎患者均可饮用。
孕妇不宜饮用。

爱心提醒

　　由于玫瑰花非常耐泡，通常冲泡两三次后还保有香味。

◀ 健脑茶　醒脑提神

❀ 养生功效

白菊花（干）　＋　麦冬（生）　＋　蜂蜜

冲泡时间：
5 分钟左右

▶ 润肺清心，养阴生津，提神醒脑。

制作方法

材料：白菊花、麦冬各 3 克，蜂蜜适量。

冲泡方法：将茶材放入杯中，冲入沸水，闷泡 5 分钟，调入蜂蜜，拌匀即可。

茶材特色

中医认为，麦冬性微寒，味苦甘，归入心经、肺经与胃经，具有养阴生津、润肺清心的功效。

【宜忌人群】

暑热烦躁、皮肤干燥及高温环境作业者适合饮用。
脾胃虚寒及体寒气虚者不宜饮用。

爱心提醒

▶ 菊花是适合四季常饮的花草，可与薄荷、决明子等配伍冲泡。

◀茅根茶　凉血止血，润肺除烦

❀ 养生功效

白茅根（干）　＋　白糖

▶ 解暑除烦，润肺和胃，生津止渴。

冲泡时间：
5分钟左右

1　3　⑤　8　10
15　18　20　25　30

制作方法

材料：白茅根3克，白糖15克。

冲泡方法：在杯中放入白茅根，加沸水，闷泡5分钟，放入白糖即可。

茶材特色

白茅根又名寒草根，是一种多年生的草本植物。中医认为它性味寒甘，具有清凉止渴、利尿通淋的功效。

【宜忌人群】

急性肾炎、血尿、急性传染病性肝炎患者适合饮用。

脾胃虚寒及腹泻便溏者不宜多饮。

爱心提醒

以白茅根、瘦猪肉等为原料的胡萝卜甘蔗茅根瘦肉汤具有清热利尿、润燥解毒的功效。

◀五味二冬茶　益气生津，润肺清心

✿ 养生功效

 + +

五味子（炙）　天冬（生）　麦冬（生）

```
1  3 [5] 8 10
┼┼┼┼┼
15 18 20 25 30
┼┼┼┼┼

冲泡时间：
5 分钟左右
```

▶ 补肾宁心，益气生津，养阴润肺。

● 制作方法

材料：五味子、天冬、麦冬各 3 克。

冲泡方法：将所有材料放入杯中，冲入沸水，加盖闷泡 5 分钟后即可。

● 茶材特色

天冬又名天门冬，中医认为，它性味平苦，归入肺经与肾经，具有养阴生津、润肺清心的功效。

【宜忌人群】

暑湿燥烦、口干舌燥、腹泻患者适合饮用。
虚寒泄泻及风寒咳嗽者不宜饮用。

爱心提醒

▶ 时常食用以天冬、粳米为原料的天冬粥能够缓解燥热便秘，养阴润燥。

◀雪梨百合冰糖饮

✿ 养生功效

雪梨（鲜）　　百合（干）　　　冰糖

| 1 | 3 | ⑤ | 8 | 10 |
| 15 | 18 | 20 | 25 | 30 |

**冲泡时间：
5 分钟左右**

▶ 清热化痰，生津润燥，止咳安神。

制作方法

材料：雪梨 1 个，百合 10 克，冰糖适量。

冲泡方法：在杯中放入雪梨片和百合，加清水大火煮沸，3 分钟后再小火熬煮两分钟，调入冰糖，拌匀饮用。

茶材特色

中医认为，雪梨性凉，味酸甘，具有润燥化痰、清热生津的功效，临床上常用于热病口渴等症。

【宜忌人群】

高血压、肝炎及肝硬化患者适合饮用。

脾胃虚寒、腹部冷痛及血虚者不宜多饮。

爱心提醒

咳嗽痰白稀少及大便稀薄容易腹泻者皆不宜食用雪梨。

◀菩提叶茶

安抚情绪，降低血压

❋ 养生功效

 +

菩提叶（干）　　蜂蜜

▶ 缓解焦虑，提高睡眠质量，促进新陈代谢。

1 3 5 8 ⑩
15 18 20 25 30

冲泡时间：
10分钟左右

● 制作方法

材料：菩提叶10克，蜂蜜适量。

冲泡方法：在杯中放入剪成小片的菩提叶，加沸水闷泡10分钟，调入蜂蜜即可。

●茶材特色●

菩提叶又名安神菩提、"母亲茶"，含有能够安定情绪的挥发性精油，可以用于泡茶或沐浴。

【宜忌人群】

压力较大、情绪急躁者及血压偏高、小便不顺畅者均可饮用此茶。
暂无不宜饮用者。

爱心提醒

▶ 冲泡菩提叶茶时将叶子剪成小片是为了使茶的味道充分释放。

◀薄荷茉莉茶　提神醒脑，助消化

❀ 养生功效

薄荷叶（干）＋ 茉莉花（干）＋ 柠檬（干）

▶ 疏热解毒，提神解郁，消暑解渴。

冲泡时间：3分钟左右

1 ③ 5 8 10
15 18 20 25 30

制作方法

材料：薄荷叶3片，茉莉花1茶匙，柠檬片1片。

冲泡方法：将所有材料放入杯中，加沸水，闷泡3分钟即可。

茶材特色

茉莉花茶是时下非常流行的美肤养颜茶饮。优质花茶条形长而饱满，白毫多，叶底鲜嫩，均匀柔软。

【宜忌人群】

风热感冒、胸腹胀闷、口舌生疮者适合饮用。
体虚多汗者及孕妇不宜过多饮用。

爱心提醒

▶ 多饮茉莉花茶能够起到除口臭、清新口气的效用。

◀百合安眠茶　宁神安眠

冲泡时间：
8 分钟左右

1 3 5 ⑧ 10
15 18 20 25 30

✿ 养生功效

 +

百合（干）　　枸杞（干）

▶ 清心安神，养肝明目，润肺止咳。

制作方法

材料：百合 3 克，枸杞 2 克。

冲泡方法：在杯中放入百合和枸杞，冲入沸水，加盖闷泡 8 分钟即可。

茶材特色

中医认为，百合性微寒，味甘，归入心经与肺经，常用于清心安神。另外，它还有生百合与炙百合之分。

【宜忌人群】

暑热心烦、心悸失眠、容易疲劳者适合饮用。
脾胃虚弱者不宜饮用。

爱心提醒

在冲泡百合安眠茶时，饮茶者还可以根据自己的口味加入 1~2 颗桂圆肉。

排湿毒

夏季不仅天气炎热，还潮湿多雨。多雨潮湿的季节常会使肠道病菌和霉菌大量滋生，极易诱发痢疾、腹泻等夏季急性肠道传染病和食物中毒。另外，体内湿气过重的人大多数都是饮食油腻、不喜欢运动的人。潮湿的天气常会令他们感到身体沉重四肢无力。如此便形成一种恶性循环。越是不爱运动，体内积聚的湿气就越多。时间一长，湿气就会进入脾脏，引发一系列重症。因此，无论是身体健康的人士，还是湿热体质的人士，夏季排湿毒都是十分必要的。除了运动大量出汗外，饮用花草茶也是一种不错的选择。

◀柠檬净化茶　　排出毒素

✿ 养生功效

柠檬草（干）　＋　柠檬（鲜）　＋　甜菊叶（干）

```
1 ③ 5 8 10
·|·|·|·|·|·
15 18 20 25 30
·|·|·|·|·|·
冲泡时间：
3分钟左右
```

▶ 消除血管脂及体内毒素，恢复身体活力。

制作方法

材料： 柠檬草 5 克，新鲜柠檬、甜菊叶各 1 片。

冲泡方法： 在杯中加入柠檬草、甜菊叶，加沸水，闷泡 2 分钟放入柠檬片，静置 1 分钟即可。

·茶材特色·

柠檬草具有镇静安神的效果。心事重重的成人能饮用柠檬草茶来静心。

【宜忌人群】

急性肠胃炎、慢性腹泻及消化不良者皆可饮用。
孕妇及胃酸过多者不宜饮用。

爱心提醒

▶ 柠檬草具有美白的作用，十分受女性朋友的喜爱。

·答疑解惑·

Q：夏季排湿毒饮食方面应注意哪些细节？

A：第一，饮食的选择应保持清淡和多样化，可以选择木瓜、丝瓜、芹菜、百合等除湿食物。第二，果蔬一定要洗净后再吃。第三，从冰箱中拿出的食物不宜直接食用，需待其温度回升或是加热后再吃。

◀ **薰衣草紫苏茶**　　排毒、轻身

✿ **养生功效**

 + + + + +

薰衣草（干）　紫苏（干）　葡萄干　陈皮（干）　冰糖

冲泡时间：
3分钟左右

▶ 提神醒脑，怡情养性，排毒轻身。

● **制作方法**

材料： 薰衣草、紫苏、葡萄干各1匙，陈皮、冰糖适量。

冲泡方法： 将所有茶材放入杯中，冲入沸水，静置3分钟，调入冰糖即可。

● **茶材特色** ●

紫苏还可以充当制作药膳的原料。凉拌紫苏叶能够用于治疗风寒感冒、胸腹胀满、恶寒发热等症。

【宜忌人群】

暑热烦躁、容易疲劳、风寒感冒者适合饮用。
孕妇不宜饮用。

爱心提醒

▶ 薰衣草精油具有舒缓身心压力、调理皮肤油脂分泌的效用。

◀ 金银甘草茶

清热解毒，不伤脾胃

❀ 养生功效

 +

金银花（干）　甘草（生）

▶ 保护脾胃，清热解毒。

冲泡时间：
1	3	5	8	⑩
15	18	20	25	30

冲泡时间：
10分钟左右

● 制作方法

材料：金银花30克，甘草10克。

冲泡方法：将洗净的金银花和甘草放入杯中，加沸水，闷泡10分钟即可。

● 茶材特色

甘草的药用范围十分广泛。其中以甘草、绿豆为原料的甘草绿豆汤就是清热利湿的佳品，适合在夏季饮用。

【宜忌人群】

暑热心烦、消化不良及各种热病患者适合饮用。

脾胃虚寒、水肿胀满者不宜饮用。

爱心提醒

金银甘草茶能够利咽止咳，清热解毒。教师、演员等人如能经常饮用便可减少由于讲话过多而出现口干舌燥的频率了。

◀蒲公英茶

利尿解毒，促消化

✿ 养生功效

蒲公英（干）　＋　蜂蜜

| 1 | 3 | 5 | 8 | ⑩ |
| 15 | 18 | 20 | 25 | 30 |

冲泡时间：
10分钟左右

► 利尿解毒，促消化，缓解消化不良及便秘。

制作方法

材料：　蒲公英（干品）1朵，蜂蜜适量。

冲泡方法：　在杯中放入蒲公英及沸水，加盖闷泡10分钟，调入蜂蜜即可。

茶材特色

蒲公英，又名婆婆丁，是多年生草本植物蒲公英的干燥全草，临床上常用于眼结膜炎、胃炎等症的治疗。

【宜忌人群】

支气管炎、尿路感染、咽喉肿痛、肝病患者均可饮用此茶。脾虚便溏及低血压患者皆不宜饮用。

爱心提醒

► 蒲公英甘草茶比蒲公英茶具有更强的清热解毒效用。

◀ 马鞭草茶

松弛神经，强化肝功能

✿ 养生功效

马鞭草（干）　＋　金盏花（干）

▶ 利水消肿，发汗排毒，缓解疲劳。

1	3	⑤	8	10
15	18	20	25	30

冲泡时间：
5 分钟左右

● 制作方法

材料： 马鞭草 5 克，金盏花 2 朵。

冲泡方法： 将茶材放入杯中，冲入沸水，加盖闷泡 5 分钟即可。

● 茶材特色 ●

中医认为，马鞭草性味凉苦，归入肝经与脾经，具有活血散瘀、利水消肿、解毒的功效。

【宜忌人群】

支气管炎患者、消化不良及胃肠炎症不适者均可饮用。

体质虚弱、阴虚咳嗽、津伤燥咳者不宜饮用。

爱心提醒

▶ 中药马鞭草是将植物马鞭草除去残根和杂质后洗净切段干燥后炮制而成的。

◀ 银花茶　利咽解毒，润肠通便

❀ 养生功效

 + +

胖大海（生）　金银花（干）　菊花（干）

冲泡时间：
3 分钟左右

▶ 利咽解毒，清热润肺，润肠通便，舒经活络。

● 制作方法

材料：胖大海 1 个，金银花 3 克，菊花 2 朵。

冲泡方法：将所有茶材放入杯中，加沸水，待胖大海充分张开后（3 分钟左右）即可。

• 茶材特色 •

胖大海还可以同桔梗、绞股蓝、决明子等配伍冲泡。饮用大海绞股决明茶可以起到清热疏肝、润肠通便的效用。

【宜忌人群】

外感发热、慢性肠炎、扁桃体炎患者适合饮用。
脾胃虚寒者不宜饮用。

爱心提醒

▶ 胖大海不宜经常饮用，否则容易出现胸闷、大便稀溏等症状。

◄薄荷竹叶茶　　祛湿利水

✿ 养生功效

 + +

薄荷叶（干）　竹叶（干）　车前草（干）

▶ 明目祛痰，清热祛湿，消暑利水。

1　3　⑤　8　10
15　18　20　25　30

冲泡时间：
5分钟左右

● 制作方法

材料：薄荷、竹叶各 2 克，车前草适量。

冲泡方法：在杯中放入薄荷、竹叶、车前草，冲入沸水，加盖闷泡 5 分钟，去渣取汁。

● 茶材特色

中医认为，车前草性微寒，味甘淡，具有清热利尿、明目祛痰的功效，主要用于暑湿泻痢等症的治疗。

【宜忌人群】

夏季口干舌燥者及出痱子的儿童适合饮用。
阴虚血燥、肝阳偏亢、表虚汗多者不宜饮用。

爱心提醒

内伤劳倦、内无湿热者均需慎用车前草。

◀竹叶茅根茶 清热利湿

❀ 养生功效

 +

竹叶（干） 白茅根（干）

1 3 ⑤ 8 10
15 18 20 25 30

冲泡时间：
5 分钟左右

▶ 补中益气，祛除暑热，排湿毒。

◖ 制作方法

材料：竹叶、白茅根各 3 克。

冲泡方法：在杯中放入竹叶、白茅根，冲入沸水，加盖闷泡 5 分钟即可。

茶材特色

白茅根具有食用、药用等多方面的价值。常见的茅根药膳有白茅根瘦肉汤、玉米须猪小肚汤等。

【宜忌人群】

体弱中暑、口渴心烦、形体消瘦、精神不佳者适合饮用。

脾胃虚寒、腹泻便溏者不宜饮用。

爱心提醒

茅根和鱼腥草有着本质的区别。从味道上看，前者味甘，后者味辛。

◀野菊花苦瓜茶 清热解毒，疏风平肝

❀ 养生功效

野菊花（干） 苦瓜片（干）

冲泡时间：
3分钟左右

▶ 清热解毒，疏风平肝，泻六经实火。

制作方法

材料：野菊花6朵，苦瓜片4片。

冲泡方法：在杯中放入野菊花和苦瓜片，加沸水，加盖闷泡3分钟即可。

茶材特色

苦瓜是一种具有全方面营养价值的长寿食品。其中苦瓜汁能够有效预防皮肤老化，降低胆固醇。

【宜忌人群】

中暑烦渴、痢疾患者适合饮用。
脾胃虚寒、腹泻者不宜多饮。

爱心提醒

▶ 通常情况下，优质的苦瓜色泽翠绿，外形饱满，口感脆嫩，肉厚多汁。

◀胖大海山楂茶

清热去火，排毒瘦身

✿ 养生功效

 +

胖大海（干）　山楂（干）

1	3	5	8	⑩
15	18	20	25	30

冲泡时间：
10 分钟左右

▶ 利咽解毒，清热润肺，润肠通便，助消化。

● 制作方法

材料： 胖大海 1~2 颗，山楂 3~5 片。

冲泡方法： 在杯中放入胖大海和山楂，冲入沸水，加盖闷泡 10 分钟即可。

● 茶材特色 ●

山楂中果胶的含量居所有水果之首。经常食用山楂能够去除肠子上的细菌与毒素，锁住肌肤水分。

【宜忌人群】

肉食滞积、腹胀痞满、热结便秘者适合饮用。孕妇及脾胃虚寒者不宜饮用。

爱心提醒

▶ 常见的以山楂为原料的食疗方包括山楂丹参粥、山楂荷叶茶等。

◀ 陈皮荷叶茶　　健脾祛湿

❀ 养生功效

 ＋ ＋ ＋

荷叶（干）　　薏仁　　陈皮（干）　　冰糖

```
1  3 ⑤ 8 10
┼┼┼┼┼
15 18 20 25 30
┼┼┼┼┼
```
冲泡时间：
5 分钟左右

▶ 清热排毒，调气健脾，改善消化不良。

● 制作方法

材料：荷叶（干品）、薏仁、陈皮各 10 克，冰糖适量。

冲泡方法：将所有材料放入锅中，加清水大火煮沸，再中火煮 5 分钟，调入冰糖即可。

·茶材特色·

选购薏米时要选择质地硬而有光泽、颗粒饱满、颜色呈白色或黄白色、味道甘淡或味甜者。

【宜忌人群】

体重偏重及肠胃负担过重、血脂较高的人士适合饮用。
孕妇不宜饮用。

爱心提醒

▶ 陈皮荷叶茶还可以起到轻身减肥的效用。

◀ 薄荷藿香绿茶

化湿理气，振奋精神

❖ 养生功效

 + +

薄荷叶（干）　藿香（干）　绿茶

▶ 化湿理气，提神醒脑，解暑。

```
1  3  ⑤  8  10
├─┼─┼─┼─┤
15 18 20 25 30
├─┼─┼─┼─┤
```

冲泡时间：
5分钟左右

● 制作方法

材料：薄荷2克，藿香3克，绿茶5克。

冲泡方法：将所有材料放入杯中，加沸水闷泡5分钟即可。

· 茶材特色 ·

藿香具有食用、药用等多重功效。汉中美食罐罐茶就是利用藿香来丰富口味，增加营养价值。

【宜忌人群】

暑湿及湿温症初期者均可饮用。
阴虚火旺、热病、温病患者不宜饮用。

爱心提醒

▶ 藿香与薄荷、甘草等搭配可做成中药戒烟汤，以消除戒烟产生的各种身体不适。

◀ 绿豆百合茶　清热解毒，生津止渴

 +

绿豆　　　百合（干）

▶ 清热利水，生津止渴，消暑除烦。

冲泡时间：30 分钟左右

1 3 5 8 10
15 18 20 25 ③⓪

制作方法

材料：绿豆 300 克，百合 100 克。

冲泡方法：在锅中放入绿豆、百合及适量清水，浸泡 30 分钟，然后用小火煮至绿豆开花即可。

·茶材特色·

绿豆又名青小豆，中医认为，它性寒味甘，归入胃经与心经，具有清热消暑、利水解毒的功效。

【宜忌人群】

暑热烦渴、口干舌燥、水肿腹胀者适合饮用。
脾胃虚寒泄泻者不宜饮用。

爱心提醒

　　饮用绿豆汤可以清凉解暑，但寒凉体质及正在服药的人士不宜饮用。

第四章

秋季喝花草茶：
滋阴润肺去火快

　　一场秋雨一场凉。进入秋季之后，气候逐渐变得干燥起来，草木也度过了生机盎然的生长期。中医五行理论认为，秋季属金，对应脏腑中的肺。肺喜滋润，而干燥的气候极易入侵伤肺。又加之夏季时人体津液耗损严重，所以人们极易出现口干舌燥、咽喉肿痛等秋燥现象。要使上述症状得以有效缓解，除了注意多喝水外，饮用一些滋阴润肺的花草茶也是不错的选择。

去燥解乏

俗语说"春困秋乏夏打盹"。进入秋季后，很多人都会有这样的感觉：中午如果不能及时休息一下，就会觉得非常困倦，下午做事也没有精神。这就是"秋乏"。其实，"秋乏"是人体一种正常的生理现象。这是因为，经过了一个夏天，人体大量出汗，造成肠胃功能减弱，心血管系统负担加重，人体处于一个过度消耗的阶段。到了秋季，天气逐渐凉爽，人体也随之进入休整阶段，会出现一定的疲惫感。虽说是正常的生理现象，但"秋乏"有时也会对日常的工作和生活造成一定的影响。此时，如果能喝上一杯去燥解乏的花草茶，是一种不错的选择。

◀茉莉花绿茶　　香身润燥

✿ 养生功效

 +

茉莉花（干）　　绿茶

冲泡时间：
5 分钟左右

▶ 温中和胃，消肿解毒，瘦身减脂抗衰老。

制作方法

材料：茉莉花 10 克，绿茶 5 克。

冲泡方法：将所有茶材放入杯中，冲入沸水，加盖闷泡5 分钟后即可。

茶材特色

绿茶是我国产量最多的一种茶叶，广泛分布于多个省区。优质绿茶包括西湖龙井、碧螺春、黄山毛峰等。

【宜忌人群】

口舌干燥、视力模糊者及高脂血症患者适合饮用。
情绪激动、身体虚弱者不宜饮用。

爱心提醒

▶ 饮用茉莉花绿茶的时间最好选择在晚饭之后，因为空腹饮茶会伤身。

答疑解惑

Q：秋季如何去燥解乏，保证日常生活？

A：第一，增加阳光照射，抑制抑郁情绪。第二，调整日常起居时间，根据自身情况适当增加一小时睡眠。第三，选择提神抗疲劳的花草茶饮。第四，少吃肥腻辛辣食品，适当增加优质蛋白质的摄入。

◀蜂蜜薄荷茶

舒心解乏，清新口气

✿ 养生功效

 + +

薄荷叶（鲜）　　蜂蜜　　绿茶（茶包）

1	3	5	8	10
15	18	20	25	30

冲泡时间：
20 分钟左右

▶ 清利头目，疏肝行气，保肝抗疲劳，改善睡眠。

制作方法

材料： 鲜薄荷枝叶 8 克，蜂蜜 15 毫升，绿茶 1 包。

冲泡方法： 将薄荷枝叶和绿茶一同放入杯中，加沸水，闷泡 20 分钟，冷却后调入蜂蜜。

茶材特色

蜂蜜还可以做成面膜。时常使用蜂蜜面膜等可以起到滋养肌肤、保持肌肤光滑的效用。

【宜忌人群】

深受秋乏困扰者适合饮用。
阴虚血燥、肝阳偏亢、表虚多汗者不宜饮用。

爱心提醒

蜂蜜不宜空腹食用。

◀莲子心绿茶　防燥生津，去火气

❀ 养生功效

 + +

莲子心（干）　绿茶　甘草（生）

▶ 清心去热，清热解毒，防燥生津，去火气。

制作方法

材料：莲子心、绿茶、甘草各 2~3 克。

冲泡方法：在杯中放入莲子心、绿茶及甘草片，加沸水，闷泡 5 分钟即可。

茶材特色

莲子心还是做药膳的重要食材，红枣银耳莲子汤能够用于治疗病后余热未尽、心悸失眠、心阴不足等症。

【宜忌人群】

饮食无味、手足心热、口渴咽干及口舌糜烂者适合饮用。大便干结、腹部胀满者不宜饮用。

爱心提醒

▶ 由于莲子心偏寒，故莲子心甘草茶不宜长期饮用。

◀ 银花百合茶

安神醒脑，清利头目

❀ 养生功效

 + + + +

百合花（干）　菊花（干）　金银花（干）薄荷叶（干）　　　绿茶

```
1 3 5 8 10
┼┼┼┼┼
15 18 20 25 30
┼┼┼┼┼
```

冲泡时间：
3分钟左右

▶ 清肝明目，利咽消肿，安神醒脑。

● 制作方法

材料： 百合花3克，菊花（干品）、金银花、薄荷、绿茶各2克。

冲泡方法： 将所有茶材放入杯中，冲入沸水，闷泡3分钟即可。

茶材特色

百合的花朵与鳞片都具有一定的药用价值，饮用百合花茶能够缓解长期干咳的症状。

【宜忌人群】

咽喉肿痛、内热及肝热目赤者适合饮用此茶。
脾胃虚寒、风寒感冒、腹泻者不宜饮用。

爱心提醒

▶ 家中长期摆放百合花，可以起到释放幽香、吸附家中异味的效用。

◀参白菊茶　提神去火，振奋精神

✿ 养生功效

丹参（生）　杭白菊（干）

| 1 3 ⑤ 8 10 |
| 15 18 20 25 30 |

冲泡时间：
5 分钟左右

▶ 泻火提神，振奋精神，缓解身体不适。

制作方法

材料：丹参 9 克，杭白菊适量。

冲泡方法：将丹参和杭白菊一同放入杯中，加沸水，闷泡 5 分钟即可。

茶材特色

丹参是活血化瘀的中药。中医认为，它可以"入心"，具有活血祛瘀、清热泻火的功效，常用于心血管疾病。

[宜忌人群]

血瘀型身体不适者适合饮用。
孕妇不宜饮用。

爱心提醒

▶ 菊花还可以同红枣、米一起煮成清肝养血的粥品。

◀ 杏仁桂花茶　　润燥，化痰，止痛

✿ 养生功效

 +

甜杏仁（生）　桂花（干）

```
 1  3  5  8 10
+--+--+--+--+--+
15 18 ⑳ 25 30
冲泡时间：
20 分钟左右
```

▶ 通肺气，行郁化痰，散瘀止痛，消除便秘。

制作方法

材料：甜杏仁 15 克，桂花 10 克。

冲泡方法：在茶壶中放入甜杏仁、桂花及沸水，加盖闷泡 20 分钟即可。

茶材特色

甜杏仁又称为南杏仁，主要产于我国江苏、四川、山西等省。经常食用甜杏仁可以有效降低心脏病的发病率。

【宜忌人群】

虚劳咳嗽、肠燥便秘者适合饮用。
孕妇不宜饮用。

爱心提醒

▶ 杏仁有甜杏仁和苦杏仁之分，其中甜杏仁不宜与板栗、猪肉、小米一同食用。

◀青果薄荷汁

去燥，健胃，消食

❀ 养生功效

猕猴桃（鲜） 薄荷叶（鲜）

1	3	5	8	10
15	18	20	25	30

冲泡时间：
5分钟左右

▶ 健胃消食，治疗食欲不振。

制作方法

材料：猕猴桃3个，新鲜薄荷叶3片。

冲泡方法：将猕猴桃、薄荷叶分别洗净榨汁（5分钟左右），随后将两次的汁液拌匀即可。

茶材特色

猕猴桃中富含多种维生素及矿物质、可溶性膳食纤维等，可以有效地降低胆固醇，助消化，防治便秘。

【宜忌人群】

烦热、消渴、黄疸、痔疮、石淋等症患者皆可饮用。脾胃虚寒者不宜饮用。

爱心提醒

▶ 食用猕猴桃后不宜马上食用牛奶或其他乳制品，以免影响吸收。

◄参芪薏仁茶

清热排毒，利尿

❀ 养生功效

 + + + +

党参（炙）　　黄芪（生）　　薏仁　　　红枣（干）　　　生姜

▶ 健脾去湿，利水消肿，补气固表。

1	3	5	8	⑩
15	18	20	25	30

冲泡时间：
10分钟左右

● 制作方法

材料：党参、黄芪、薏仁各3克，红枣2颗，生姜2片。

冲泡方法：将所有茶材放入杯中，加沸水，闷泡10分钟即可。

● 茶材特色

薏仁是禾本科植物薏苡的干燥成熟种仁。中医认为，它性凉，味甘淡，具有健脾渗湿、除痹止泻的效用。

【宜忌人群】

气虚不足、阴虚内热、脾胃不调、劳嗽干咳、食欲减退者均可饮用。
气血旺盛、发热烦躁及大便干结者不宜饮用。

爱心提醒

▶ 薏仁还具有营养头发、保持头发柔顺、防止脱发的效用。

◀ **茉莉醒脑茶**　消除疲劳，帮助睡眠

茉莉花（干）　薄荷叶（干）　肉桂（干）　　蜂蜜

1	3	5	8	10
15	18	20	25	30

冲泡时间：
20 分钟左右

▶ 防腐去腥，清新空气，消除疲劳。

制作方法

材料：茉莉花 15 克，薄荷 10 克，肉桂 7.5 克，蜂蜜适量。

冲泡方法：将除蜂蜜外的茶材用水过滤后放入杯中，加沸水冲泡 20 分钟后调入蜂蜜即可。

茶材特色

肉桂又名玉桂、牡桂等，中医认为它性大热，味辛甘，归入肾经、心经、脾经与肝经，具有散寒止痛、活血通经的功效。

【宜忌人群】

注意力不集中、容易疲惫的上班族适合饮用。
阴虚火旺及孕妇不宜饮用。

爱心提醒

▶ 食用肉桂还可帮助上班族缓解压力，降低血压，解除心中烦闷。

◀枸杞百合安神茶

清热养阴，补虚安神

❖ 养生功效

 + + +

枸杞（干）　百合（干）　　生地黄

```
 1  3  5  8 10
-+--+--+--+--+-
⑮ 18 20 25 30
-+--+--+--+--+-
```

冲泡时间：
15 分钟左右

▶ 清热养阴，补益气血，安神。

制作方法

材料：枸杞 3 克，百合（干品）、生地黄各 2 克。

冲泡方法：将所有材料放入锅中，加清水煮沸后，小火煮 15 分钟，去渣取汁即可。

茶材特色

地黄有生地黄与熟地黄之分，二者药性差异较大。其中生地黄性寒，能够有效地起到利尿、降低血糖的效用。

【宜忌人群】

阴虚内热、烦躁不安、虚劳咳嗽、头晕目眩、失眠者均可饮用。

大便稀溏、脾虚湿滞、腹胀满者不宜饮用。

爱心提醒

▶ 用生地黄为原料的茶饮在冲制时不宜用熟地黄替代。

◀五味子养心茶

✿ 养生功效

五味子（炙） 松子仁（生） 蜂蜜

▶ 去燥安神，润肠通便，滋补气血。

1 3 ⑤ 8 10
15 18 20 25 30

冲泡时间：
5分钟左右

制作方法

材料：五味子、松子仁各5克，蜂蜜适量。

冲泡方法：在杯中放入五味子和松子仁，冲入沸水，闷泡5分钟，温热时调入蜂蜜。

·茶材特色·

松子仁，又名松仁，是华山松、红松、马尾松的种仁。中医认为，它性温味甘，具有润肺滑肠的功效。

【宜忌人群】

内热消渴、心悸失眠、久咳虚喘者适合饮用。
脾虚腹泻、咳嗽初期、湿痰者不宜饮用。

爱心提醒

▶ 胆功能严重不良者应慎食松仁。

莲子冰糖茶

健脾益肾，治疗疲倦乏力

❀ 养生功效

 + +

莲子（干）　　绿茶　　　冰糖

1	3	5	8	10
15	18	20	25	30

冲泡时间：
30 分钟左右

▶ 清热安神，健脾止泻，养心益肾。

制作方法

材料：莲子 30 克，绿茶 10 克，冰糖 20 克。

冲泡方法：将浸泡过的莲子与绿茶一同放入杯中，冲入沸水，浸泡 30 分钟，调入冰糖。

茶材特色

中医认为，莲子性平，味干涩，归入脾经、肾经和心经，具有益肾涩精、补脾止泻、养心安神的功效。

【宜忌人群】

口苦咽干、心悸怔忡、失眠多梦者适合饮用。体质虚寒者不宜过多饮用。

爱心提醒

▶ 莲子肉、百合与益智仁配伍可以起到治疗心烦焦躁、失眠健忘的效用。

◀ 毛尖银耳茶

滋阴降火，润肺止咳

银耳（生）　　　白糖　　　毛尖

1	3	5	8	10

15	18	20	25	30

冲泡时间：
25 分钟左右

▶ 润肤养颜，滋养干燥，补中益气，养胃生津。

制作方法

材料：银耳、白糖各 20 克，毛尖 5 克。

冲泡方法：在锅中放入银耳、白糖及适量清水，炖 25 分钟后取汁，随后将茶叶冲泡成茶汁，将两种汁液混合拌匀即可。

茶材特色

银耳，又名雪耳、白木耳，有"菌中之冠"的美誉。中医认为，它性平无毒，具有补脾开胃、益气清肠的功效。

【宜忌人群】

口咽干燥、心烦乏力、胃气损伤者适合饮用。
便血、呕血患者不宜饮用。

爱心提醒

银耳还具有防癌的作用。

◀沙参红枣茶

去燥养阴，益气生津

❀ 养生功效

 +

南沙参（生）　红枣（干）

▶ 益气生津，治疗胃阴不足。

1	3	5	8	10
⑮	18	20	25	30

冲泡时间：
15 分钟左右

🏷 制作方法

材料： 南沙参 15 克，红枣 5 颗。

冲泡方法： 在杯中放入南沙参与红枣及适量沸水，加盖闷泡 15 分钟即可饮用。

🏷 茶材特色

中医认为，沙参性平味甘，具有养阴清肺、益胃和中、祛痰止咳的功效，常用于肺气不足、脾胃虚弱等症。

【宜忌人群】

深受秋燥困扰者适合饮用。
风寒感冒及痰湿体质者不宜饮用。

爱心提醒

选购沙参时，以大小长短均匀、色微黄、干脆者为佳。

◀ **三汁茶**　　**清热生津**

❀ **养生功效**

草莓（鲜）　　麦冬（生）　　生藕

▶ 清热生津，用于高热灼伤津液引起的口渴。

🔖 **制作方法**

材料：草莓100克、麦冬6克、生藕100克。

冲泡方法：将鲜草莓榨汁，再将生麦冬和生藕放入锅中煮10分钟，取汁，与草莓汁搅拌均匀，温饮。

• **茶材特色** •

中医认为，生藕性寒味甘，归入胃经、脾经、心经，具有清热生津、补脾开胃、凉血止血的功效。

【宜忌人群】

口干舌燥、胃脘痞满、精神欠佳、大便干结者适合饮用。孕妇及胃寒者不宜饮用。

爱心提醒

熟藕性温味甘，能够治疗肺热咳嗽、食欲不振等症。

滋阴润肺

　　秋高气爽是秋季最主要的季节特点之一。然而，秋季在带走夏季酷热的同时，也带来了秋燥。中医认为，燥为秋季的主气，其气清肃，其性干燥。因此，燥邪伤人，容易耗人津液。也就是说，人们在秋季常会出现口干舌燥、大便干结、皮肤干燥等现象。因此，滋阴润肺就成为秋季养生的重中之重。大家除了要注意保持饮食清淡、多吃新鲜蔬果、少吃煎炸食物之外，还可以选择饮用花草茶来辅助。常见的滋阴润肺茶饮包括康乃馨茶、百合花茶、千日红茶、紫罗兰茶等。

◀康乃馨茶　　平肝润肺，促进代谢

❀ 养生功效

康乃馨（干）　＋　蜂蜜

冲泡时间：
5分钟左右

| 1 | 3 | ⑤ | 8 | 10 |
| 15 | 18 | 20 | 25 | 30 |

▶ 滋阴补肾，强壮元气，健胃消积。

● 制作方法

材料： 康乃馨（干品）4朵，蜂蜜适量。
冲泡方法： 在玻璃壶中放入康乃馨和沸水，闷泡5分钟，调入蜂蜜即可。

● 茶材特色

康乃馨又名香石竹，据《本草纲目》记载，它性微寒，味甘，归入肾经与肺经，具有平肝润肺养颜的功效。

【宜忌人群】

食欲不佳者适合饮用。
体质寒凉者不宜过多饮用。

爱心提醒

▶ 饮用康乃馨茶时，喝茶者还可以根据自己的口感加入适量冰糖，来丰富口感。

● 答疑解惑

Q：秋季养生可选择哪些滋阴润肺的蔬果？
A：常用的蔬果包括银耳、甘蔗、梨、橄榄等。其中银耳具有润肺生津、提神益气的功效，常用于治疗虚劳咳嗽等症；梨性寒味甘，具有润肺止咳、清心降火的功效，常用于秋燥或热病伤阴所致的干咳。

◀百合花茶　润肺止咳，滋阴清火

百合花（干）　　冰糖

1	3	5	8	⑩
15	18	20	25	30

冲泡时间：
10 分钟左右

▶ 治疗长期咳嗽，改善睡眠不佳。

制作方法

材料：百合花 10 克，冰糖适量。

冲泡方法：在杯中放入百合花及沸水，闷泡 10 分钟，调入冰糖即可。

茶材特色

百合花又名山丹、番韭，具有观赏、药用等多重价值。自唐朝开始，我国就已经有食用百合花的记载。

【宜忌人群】

慢性支气管炎患者及由肝火旺导致失眠者适合饮用。

风寒咳嗽、脾胃虚寒者不宜饮用。

爱心提醒

▶ 由于百合花性凉味甘苦，故饮用百合花茶时调入冰糖比白糖更有效果。

◀千日红茶 平喘护肺，清肝毒

❀ 养生功效

千日红（干） ＋ 冰糖

1	3	5	8	10
15	18	⑳	25	30

冲泡时间：
20 分钟左右

▶ 有效调节免疫系统功能，消除肝火导致的头晕眼花。

制作方法

材料：千日红 3 朵，冰糖适量。

冲泡方法：在杯中放入千日红及适量沸水，闷泡 20 分钟，调入冰糖即可。

茶材特色

千日红，又名万年红、球形鸡冠花，是一种原产于南美洲生命力极强的花草，每年 6~10 月是它的花期。

【宜忌人群】

支气管哮喘、急慢性气管炎患者适合饮用。
无哮喘症状者不宜饮用。

爱心提醒

▶ 千日红单独冲泡时效果更加明显。此外，千日红茶还有改善视力、减轻压力的作用。

◀ 紫罗兰茶　　祛痰，温和润肺

紫罗兰（干）　＋　冰糖

1	3	5	8	10
15	18	20	25	30

**冲泡时间：
3分钟左右**

▶ 防紫外线照射，治疗调理支气管炎。

制作方法

材料：紫罗兰（干品）6朵，冰糖适量。

冲泡方法：在杯中放入紫罗兰及适量沸水，闷泡3分钟，调入冰糖即可。

· 茶材特色 ·

紫罗兰又名草桂花，是一种原产于地中海沿岸的草本植物。一经冲泡，它的颜色就会从浅紫色逐渐变成浅褐色。

【宜忌人群】

支气管炎、口腔异味患者皆可饮用。孕妇不宜饮用。

爱心提醒

▶ 由于紫罗兰茶口感微苦，故喝茶者可以根据自己的口味加入适量冰糖。

◀紫苏党参茶 暖肺，理气散寒

❀ 养生功效

 +

紫苏叶（干）　党参（炙）

▶ 清肺化痰，止咳平喘，理气散寒。

◌ 制作方法

材料：紫苏叶 3 克，党参 2 克。

冲泡方法：将所有茶材放入杯中，加沸水，闷泡 5 分钟即可。

茶材特色

紫苏叶的效用主要表现为解郁止痛。

【宜忌人群】

风寒感冒、恶寒发热者适合饮用。
咳痰黄稠伴有发热者不宜多饮。

```
1  3  5  8  10
├──┼──○┼──┼──┤
15 18 20 25 30
├──┼──┼──┼──┤
冲泡时间：
5 分钟左右
```

爱心提醒

▶ 紫苏叶与陈皮、茯苓等配伍可以治疗心腹气滞、不思饮食等症。

◀银耳红枣茶　滋阴补脑

❀ 养生功效

银耳（生）　＋　红枣（干）　＋　冰糖

1	3	5	8	10
15	18	20	25	30

冲泡时间：
30分钟左右

▶ 滋阴养胃，润肺生津，益气安神，补脑。

制作方法

材料：银耳30克，红枣10颗，冰糖适量。

冲泡方法：将所有材料一同放入锅中，加清水煮30分钟，取汁调入冰糖即可。

茶材特色

选购银耳时可以从看、尝、闻三方面入手。通常情况下，优质的银耳色泽鲜白微黄，朵型圆整，大而美观。

【宜忌人群】

经常熬夜、作息时间不规律者适合饮用。外感风寒者不宜饮用。

爱心提醒

▶ 选购银耳时不宜选择颜色过白的，因其可能被硫黄熏过。

◀二子延年茶　　滋阴补虚

枸杞（干）　五味子（炙）　冰糖

▶ 养阴生津，滋润五脏，延年益寿。

制作方法

材料：枸杞、五味子各3克，冰糖适量。

冲泡方法：将所有材料放入杯中，加沸水，闷泡5分钟，调入冰糖即可。

茶 材 特 色

五味子有南北之分。其中北五味子多呈现不规则的形状，果肉柔软，有光泽；而南五味子果肉质较薄，无光泽。

【宜忌人群】

阴虚者及骨质疏松患者适合饮用。
寒凉体质及身体有炎症者不宜饮用。

爱心提醒

▶ 枸杞通常情况下不宜同桂圆、大枣等性温热的补品同食。

1	3	5	8	10
15	18	20	25	30

冲泡时间：
5分钟左右

◀天麦冬茶

养阴生津，清肺降火

❀ 养生功效

 +

天冬（生）　麦冬（生）

▶ 滋阴润燥，清肺热，生津止渴。

1	3	5	8	⑩
15	18	20	25	30

冲泡时间：
10分钟左右

制作方法

材料：天冬、麦冬各3克。

冲泡方法：在杯中放入天冬与麦冬及适量沸水，闷泡10分钟即可。

·茶材特色·

天冬呈长纺锤形，表面为淡黄棕色或黄白色，半透明，通常具有深浅不一的纵皱纹，有黏性。

【宜忌人群】

肺燥咳嗽、阴虚劳咳及热病伤阴口渴、消渴症患者皆可饮用。

虚寒泄泻及外感风寒咳嗽者不宜饮用。

爱心提醒

麦冬和五味子配伍冲泡可以用于阴虚内热、燥咳痰稠、口渴等症的治疗。

◂熟地麦冬饮　润肺化燥，滋阴补肾

❀ 养生功效

熟地黄　　麦冬（生）

| 1 | 3 | 5 | 8 | ⑩ |
| 15 | 18 | 20 | 25 | 30 |

冲泡时间：
10分钟左右

▶ 补血养阴，填精益髓，润肺化燥。

制作方法

材料：熟地黄2克，麦冬3克。

冲泡方法：在杯中放入熟地黄、麦冬，冲入沸水，闷泡10分钟即可。

茶材特色

熟地黄又名熟地，中医认为，它性微温，味甘，归入肝经和肾经，具有补血养阴、填精益髓的功效。

【宜忌人群】

血虚、肝肾阴虚者适合饮用。
气滞痰多、脘腹胀痛、食少便溏者不宜饮用。

爱心提醒

饮用熟地麦冬茶时不宜同时食用款冬、苦参、木耳、苦瓠等食物。

◀桂花茶　　止咳化痰，滋阴润肺

✿ 养生功效

　+　

桂花（干）　　红茶

| 1 | 3 | ⑤ | 8 | 10 |
| 15 | 18 | 20 | 25 | 30 |

冲泡时间：
5分钟左右

▶ 令脾胃健旺，消积导滞，治疗口臭、风寒感冒。

制作方法

材料：桂花（干品）3克，红茶少许。

冲泡方法：在杯中放入桂花、红茶及适量沸水，闷泡5分钟即可。

茶材特色

桂花，又名丹桂、木犀、九里香，是一种具有观赏和药用价值的茶。它拥有馥郁并伴有蜜香的清香味。

【宜忌人群】

口臭、风寒感冒、牙痛、视觉不明、痰饮喘咳者皆可饮用。
脾胃湿热者不宜饮用。

爱心提醒

　冲泡桂花茶时，饮茶者还可以调入适量的红糖，以便增强温中散寒的功效。

◀百合桃花柠檬茶　润肺消炎

❀ 养生功效

桃花（干）　百合花（干）　柠檬（干）

▶ 润肺润肤，缓解肺部不适症状。

制作方法

材料：桃花3克，百合花3~5朵，柠檬1~2片。

冲泡方法：将所有茶材放入杯中，冲入沸水，闷泡10分钟即可。

茶材特色

桃花是蔷薇科植物桃的花朵，原产于我国中东部。中医认为，它性平味苦，具有泻下通便、利水消肿的功效。

【宜忌人群】

长期熬夜、面部有痘者适合饮用。
孕妇不宜饮用。

爱心提醒

▶ 经常饮用桃花茶可以起到消除面部黑斑、妊娠色素斑、老年斑等效用。

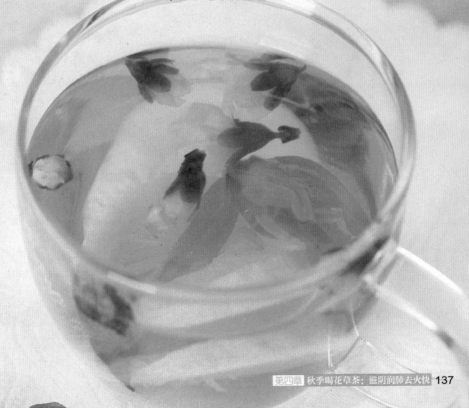

◀生地乌梅茶 　凉血养阴

❀ 养生功效

 + +

生地黄　　乌梅（干）　　白糖

1	3	5	8	⑩
15	18	20	25	30

冲泡时间：
10分钟左右

▶ 清热凉血，养阴生津，消除便秘。

制作方法

材料：生地黄10克，乌梅3颗，白糖适量。

冲泡方法：在杯中放入生地、乌梅及适量沸水，闷泡10分钟，调入白糖即可。

茶材特色

乌梅全国各地均有栽培，主要产于四川、浙江、福建等地。选购时宜选择个大肉厚、味酸者。

【宜忌人群】

口干咽痛、皮肤干燥者及阴虚症患者适合饮用。
孕妇及脾胃虚寒者不宜饮用。

爱心提醒

▶ 以乌梅和淡豆豉配伍冲泡能够起到生津润燥的效用，常用于烦渴多饮等症。

◀蜂蜜柚子茶　润燥排毒

❀ 养生功效

柚子（鲜）　　蜂蜜　　　冰糖

1	3	5	8	10
15	18	20	25	30

**冲泡时间：
25 分钟左右**

▶ 润燥排毒，清热降火，祛斑美白。

● 制作方法

材料：柚子1个，蜂蜜、冰糖各适量。

冲泡方法：将柚子皮丝及果肉泥、适量清水一同放入锅中，熬至柚皮金黄透亮时（25分钟左右）关火，温热时调入冰糖，再取 2~3 勺蜂蜜以温开水冲饮。

● 茶材特色

柚子，又名胡柑、臭柚，是福建漳州六大名果之一，有"天然水果罐头"之称，具有增强体质的功能。

【宜忌人群】

感冒、极度疲劳、食欲不振者皆可饮用。
体寒脾虚者不宜饮用。

爱心提醒

制作柚子茶的过程中，需要不断地搅拌，以免变煳。

清热利咽

根据中医五行理论，秋天燥热属金，燥邪伤人，咽喉首当其冲。嗓子如果没有得到及时的保护，发音过多或过劳，就非常容易出现咽喉干燥、声音嘶哑等症状。而对于教师、演员、导游等需要大量讲话的职业而言，保护嗓子更是非常必要。所以，清热利咽便在秋季养生中占据了非常重要的一席。为了尽量减少咽干、声音嘶哑等对日常工作和生活的影响，人们不妨选择非常简便的花草茶来加以缓解。常见的清热利咽的花草包括罗汉果、胎菊、金莲花、胖大海、菊花等。

◀淡盐绿茶　　清火止燥

❀ 养生功效

绿茶　＋　食盐

> 利尿解乏，清火凉血，降脂助消化。

| 1 | 3 | ⑤ | 8 | 10 |
| 15 | 18 | 20 | 25 | 30 |

冲泡时间：5分钟左右

制作方法

材料： 绿茶5克，食盐2克。

冲泡方法： 在杯中放入绿茶、食盐及适量沸水，闷泡5分钟，冷饮。

爱心提醒

·茶材特色·

绿茶并不适合处于经期的女性饮用。这是因为，茶中的鞣酸会与食物中的铁分子结合，形成沉淀，影响铁分子的吸收。

> 绿茶具有良好的护肤功效，但有效期有限。

【宜忌人群】

深受秋燥困扰及感到头晕恶心者适合饮用。

孕妇及处于经期的女性不宜饮用。

·答疑解惑·

Q：秋季如何选用清热利咽的药品？

A：金嗓子喉片最适合舌苔腻、舌苔呈白色或淡黄色的症状；西瓜霜清咽含片最适合以口咽干燥为主要表现的咽喉不适；复方草珊瑚含片适合外感风热所致的咽喉肿痛、声哑失音及风热型急性咽喉炎。

◀洛神金橘茶

生津利咽，清声亮嗓

❀ 养生功效

 + + +

洛神花（干） 金橘片（干） 陈皮（干） 蜂蜜

▶ 生津解渴，缓解口干咽燥、肠胃胀气。

| 1 | 3 | 5 | 8 | 10 |
| 15 | 18 | 20 | 25 | 30 |

冲泡时间：
3 分钟左右

制作方法

材料：洛神花 10 克，金橘片 20 克，陈皮 5 克，蜂蜜适量。

冲泡方法：在锅中放入金橘片、陈皮及清水，煮 3 分钟，去渣取汁放入装有洛神花的杯中，冷却后调入蜂蜜。

茶材特色

金橘果实中富含维生素 A、维生素 P 等多种维生素，可以起到预防色素沉积、调养"三高"的效用。

【宜忌人群】

　胸闷郁结、不思饮食、醉酒口渴者及消化不良的老年人皆可饮用。
　糖尿病患者及齿龈疼痛者不宜饮用。

爱心提醒

▶ 此茶最好在冲泡后再调入蜂蜜。

◄金银茉莉菊花茶　　消炎润咽

金银花（干）　茉莉花（干）　菊花（干）

▶ 散风清热，平肝明目，有效缓解秋燥症状。

1	3	5	8	⑩
15	18	20	25	30

冲泡时间：
10分钟左右

制作方法

材料：金银花、茉莉花、菊花各 3~5 克。

冲泡方法：将所有材料放入杯中，冲入沸水，闷泡 10 分钟即可。

茶材特色

白菊、贡菊、杭菊与野菊花号称"四大名菊"。其中白菊素有"金心五瓣"的美誉，疏风散热的功效最强。

【宜忌人群】

深受秋燥困扰及口干舌燥者适合饮用。
脾胃虚寒者及孕妇不宜饮用。

爱心提醒

▶ 与一般菊花相比，杭菊的花朵较大，且分为杭白菊和杭黄菊两种。

◀罗汉果茶　利咽止咳，清肺热

❀ 养生功效

 +

罗汉果（生）　红枣（干）

▶ 清肺热，排毒养颜，利咽止咳。

1	3	5	8	10
15	18	20	25	30

冲泡时间：
5分钟左右

◔ 制作方法

材料：罗汉果2个，红枣适量。

冲泡方法：在杯中放入罗汉果片、红枣及适量沸水，闷泡5分钟即可。

• 茶材特色

罗汉果又名"神仙果"，中医认为，它性味凉甘，具有清热润肺、利咽止咳、润肠通便的功效。

【宜忌人群】

百日咳、血燥便秘、痰多咳嗽、咽喉炎、扁桃体炎及"三高"患者皆可饮用。
脾胃虚寒者及孕妇不宜饮用。

爱心提醒

▶ 饮用罗汉果茶可以起到减缓嗓子充血症状、缓解声带疲劳的作用。

◀胎菊茶

疏风散热利咽喉

❀ 养生功效

胎菊（干）　　　冰糖

▶ 解除秋燥，增强生命活力，延缓衰老。

◀ 制作方法

材料：胎菊 3~4 朵，冰糖适量。

冲泡方法：在杯中放入胎菊及适量沸水，浸泡 5 分钟，调入冰糖即可。

茶材特色

胎菊又名小白菊、小汤黄、甘菊，是杭白菊中最上品的一种，常用于治疗外感伤寒、肝阳上亢等症。

[宜忌人群]

视力模糊、口腔溃疡、小便黄、目赤、舌苔厚白者适合饮用。
孕妇及脾胃虚寒者不宜饮用。

爱心提醒

杭白菊没有开放的花蕾就是胎菊，其中以 10 月末第一批采摘的花蕾质量最佳。

◀乌梅橄榄茶　润肺生津，缓解口干口渴

❄ 养生功效

 +

乌梅（干）　　橄榄（干）

▶ 润肺生津，清热利咽，缓解口干舌燥症状。

冲泡时间：
15分钟左右

1 3 5 8 10
⑮ 18 20 25 30

制作方法

材料：乌梅、橄榄各3~5颗。

冲泡方法：在锅中加入乌梅、橄榄及适量清水，煮15分钟即可盛出饮用。

茶材特色

橄榄又名青果、"天堂之果"，其植株原产于地中海沿岸。中医认为，它性平，味甘酸，能够清热利咽解毒。

【宜忌人群】

因讲话过多而引发咽干口燥者适合饮用。

感冒发热、咳嗽多痰者不宜饮用。

爱心提醒

▶ 在选购橄榄时，如果其色泽显得特别青绿，最好不要食用。

◀金莲花茶　抑制病菌，治疗咽部疾病

❀ 养生功效

金莲花（干）　＋　冰糖

▶ 清热解毒，凉血消炎，治疗咽部疾病。

冲泡时间：
8 分钟左右

1	3	5	8	10
15	18	20	25	30

制作方法

材料： 金莲花（干品）3 朵，冰糖适量。

冲泡方法： 在杯中加入金莲花、冰糖及沸水，闷泡 8 分钟即可。

茶材特色

金莲花又名旱金莲、金芙蓉，中医认为，它性寒味苦，无毒，具有清热解毒的功效，常用于咽喉肿痛等症。

【宜忌人群】

咽喉肿痛、口疮、慢性扁桃体炎患者皆可饮用。脾胃虚寒者不宜饮用。

爱心提醒

金莲花不仅可以单泡，还可以同甘草、玉竹、枸杞等配伍泡饮。

◀蝶舞千日茶　清肺利咽，促进新陈代谢

❀ 养生功效

玉蝴蝶（干）　千日红（干）

冲泡时间：
3 分钟左右

1 ③ 5 8 10
15 18 20 25 30

▶ 清肺利咽，清肝定喘，促进新陈代谢。

制作方法

材料：玉蝴蝶 1 片，千日红 2 个。
冲泡方法：在杯中放入玉蝴蝶、千日红及适量沸水，加盖静置 3 分钟即可。

茶材特色

玉蝴蝶不仅可以单泡，还能与其他花草配伍冲泡。其中它与百部搭配可用于治疗肺痨咳嗽、肺燥咳嗽、百日咳等症。

【宜忌人群】

深受秋燥、醉酒、高血压困扰的人士皆可饮用。
脾胃虚寒者不宜饮用。

爱心提醒

▶ 将玉蝴蝶和百合花一同冲泡可以起到治疗慢性肝炎的效用。

◀百合阿胶茶　　生津止渴，止咳化痰

✿ 养生功效

 ＋ ＋ ＋ ＋

百合（干）　　阿胶　　　桔梗　　　麦冬（生）　桑叶（干）

```
1  3  5  8 10
├──┼──┼──┼──┤
15 18 ⑳ 25 30
├──┼──┼──┼──┤
```
冲泡时间：
20 分钟左右

▶ 补肺润燥，生津止渴，促进代谢。

制作方法

材料：百合、阿胶各 19 克，桔梗、麦冬、桑叶各 7.5 克。

冲泡方法：将所有茶材过滤后放入杯中，冲入适量沸水，冲泡 20 分钟，去渣取汁即可。

茶材特色

百合性微寒，味甘，归入心经与肺经，常用于清心安神。

【宜忌人群】

肺结核和慢性支气管炎患者适合饮用。
阴虚久咳、气逆及咳血者不宜饮用。

爱心提醒

▶ 在选购百合时需要选择质地充实、根状肥大的。

◀ 山楂利咽茶

清热利咽，活血散结

❉ 养生功效

 + +

山楂（干）　夏枯草（干）　丹参（生）

▶ 清热泻火，清心除烦，活血化瘀。

1 3 ⑤ 8 10
15 18 20 25 30

冲泡时间：
5分钟左右

● 制作方法

材料：山楂2克，夏枯草、丹参各1克。

冲泡方法：将所有茶材一同放入杯中，冲入沸水，闷泡5分钟即可。

● 茶材特色

夏枯草是双子叶植物夏枯草的干燥果穗，其植株主要分布于江苏、安徽、浙江等省。

【宜忌人群】

慢性咽炎引发咽部淋巴滤泡增生明显者适合饮用。
孕妇不宜饮用。

爱心提醒

▶ 将夏枯草放于口中嚼烂后敷在
伤口上可以促进伤口愈合。

◀薄荷大海茶　清热宣肺，利咽润喉

❖ 养生功效

 ＋

薄荷叶（干）　胖大海（生）

> 清热利咽，治疗急性咽喉炎所致的声音嘶哑。

| 1 | 3 | 5 | ⑧ | 10 |
| 15 | 18 | 20 | 25 | 30 |

冲泡时间：
8分钟左右

制作方法

材料：薄荷1克，胖大海1颗。

冲泡方法：在杯中放入薄荷与胖大海，加沸水，闷泡8分钟即可。

茶材特色

除去药用价值外，胖大海还可以充当药膳的材料。食用胖大海炖雪梨能够有效地解决秋燥、咽炎等问题。

【宜忌人群】

因急性咽喉炎导致声音嘶哑的人士适合饮用。脾胃虚寒、风寒感冒及高血压、糖尿病患者不宜饮用。

爱心提醒

一次性过量饮用胖大海会导致腹泻、饮食减少、胸闷等副作用。

◀冬花枇杷茶

清肺胃热，下气，化痰止咳

✿ 养生功效

款冬花（干） 枇杷叶（干） 蜂蜜

▶ 润肺下气，化痰止咳，清肺，去胃热。

冲泡时间：
8分钟左右

制作方法

材料：款冬花6克，枇杷叶4克，蜂蜜适量。

冲泡方法：在杯中放入款冬花、枇杷叶及适量沸水，闷泡8分钟，温热时调入蜂蜜。

茶材特色

款冬花又名冬花，中医认为，它性味温辛，具有镇咳下气、润肺祛痰的功效，用于咳嗽、气喘等症。

【宜忌人群】

咽燥痰少、久咳有痰、气短乏力者适合饮用。
体虚哮喘、肺虚寒咳者不宜饮用。

爱心提醒

枇杷叶还是治疗顽固性肩周炎的辅助药物。

◀ 银麦茶　　化痰提气

金银花（干）　麦冬（生）　甘草（干）

▶ 解热润燥，清肺提气，化痰利咽。

冲泡时间：
10 分钟左右

1 3 5 8 ⑩
15 18 20 25 30

制作方法

材料：　金银花、麦冬各 6 克，生甘草 3 克。

冲泡方法：　将所有材料放入杯中，冲入沸水，闷泡 10 分钟即可。

茶材特色

麦冬性微寒，味苦甘，归入心经、肺经与胃经，具有养阴生津、润肺清心的功效。

[宜忌人群]

干燥口渴、咽喉疼痛、痰多咳嗽者适合饮用。
脾胃虚寒者不宜饮用。

爱心提醒

时常食用以麦冬、粳米为原料的麦冬粥能够养阴润燥。

◀冰糖梨水

去痰止咳，养护咽喉

❀ 养生功效

鸭梨（鲜） ＋ 冰糖

1	3	5	8	10
15	18	20	25	30

冲泡时间：
25 分钟左右

▶ 清心润肺、利便、止咳、润燥清风、醒酒解毒。

○ 制作方法

材料：梨 1 个，冰糖适量。

冲泡方法：将梨清洗干净，去核，果肉切成小块。锅内倒入适量清水，大火煮 5 分钟。放入梨块，再中火煮 20 分钟，放入冰糖，待水温热后喝汤吃梨。

○ 茶材特色

梨素有"百果之宗"的美誉，含有多种维生素和矿物质，具有降低血压、养阴清热的功效，经常吃梨能促进食欲，帮助消化，并有利尿通便和解热作用。

【宜忌人群】

肺热所致咳喘、痰黄或者阴虚所致的干咳、便秘者适宜饮用。
腹泻者不宜饮用。

爱心提醒

熬梨水的时候不用去梨皮，因为梨皮的营养很丰富，而且不会有涩味。若想喝浓一点的冰糖梨水，有两种方法，一是多放冰糖，比标准量多放一些；二是熬出更多水来，多熬一会儿。

◀桔梗麦冬茶

清肺下气，化痰止咳

❀ 养生功效

桔梗　　麦冬（生）　甘草（生）

▶ 清肝泻火，止咳消肿，生津润肺。

1 3 5 8 ⑩
15 18 20 25 30
冲泡时间：
10分钟左右

制作方法

材料：桔梗5克，麦冬3克，生甘草4克。

冲泡方法：将桔梗、麦冬、生甘草冲洗一下，放入茶杯中。倒入适量沸水，盖上杯盖闷泡10分钟左右即可。

·茶材特色·

桔梗，性平味苦辛，能够深入肺经，具有宣肺利咽、去痰排脓、理气活血的功效；麦冬可以养阴生津、润肺清心，可用于肺燥干咳；生甘草可以清热解毒、润肺止咳，能用于痰热咳嗽、咽喉肿痛等。

【宜忌人群】

干燥口渴、咽喉疼痛、痰多咳嗽者适合饮用。
脾胃虚寒者不宜饮用。

爱心提醒

　甘草配绿茶，可去痰平喘，开泄郁结。

◀金莲花玫瑰茄茶

清肺利咽，生津止渴

✿ 养生功效

 +

金莲花（干）　玫瑰茄（干）

冲泡时间：
3分钟左右

▶ 清热解毒，清肺利咽，养颜润肤。

制作方法

材料：金莲花2克，玫瑰茄2朵。

冲泡方法：将金莲花、玫瑰茄用清水冲洗一下，一起放入杯中。冲入适量沸水，盖上盖子闷泡3分钟后即可饮用。

茶材特色

金莲花性凉味苦，可以起到清热解毒的功效；玫瑰茄气微香、味酸，有益于调节和平衡血脂、增进钙质吸收、促进消化、清凉解毒利水、降血压等。

【宜忌人群】

咽喉肿痛、患有扁桃体炎者适宜饮用。
孕妇不宜饮用。

爱心提醒

▶ 金莲花有一定的毒性，每次用量不宜过多，或在服用之前咨询医生。

◀杏仁鸭梨茶

清心润肺，止咳平喘

❀ 养生功效

苦杏仁 ＋ 鸭梨（鲜） ＋ 冰糖

| 1 | 3 | 5 | 8 | ⑩ |
| 15 | 18 | 20 | 25 | 30 |

冲泡时间：
10 分钟左右

▶ 润燥生津，止咳化痰，清疏肺气。

制作方法

材料：苦杏仁 3 克，鸭梨 10 克，冰糖适量。

冲泡方法：将杏仁用清水洗净过后，与鸭梨和冰糖一起放入杯中。冲入适量沸水，盖盖
闷泡 10 分钟后即可饮用。

茶材特色

苦杏仁，带苦味，多作药用，具有润肺、平喘的功效，对于伤风感冒引起的多痰、咳嗽、
气喘等症状疗效显著；鸭梨富含维生素，能保护心脏、清心润肺、止咳化痰、减轻疲劳、
增强心肌活力。

【宜忌人群】

体虚或患呼吸道疾病者不可长期饮用。
孕妇不宜饮用。

爱心提醒

▶ 苦杏仁加牛奶，有很好的美容润肤
功效。

第五章

冬季喝花草茶：
养肾防寒、解郁护肝

冬季是一年中最冷的季节，也是阳气最弱、阴气最强的时节。中医五行学说认为，冬属水，对应脏腑中的肾脏。又加之冬季属于"闭藏"的季节，所以此时是养肾防寒的最佳时节。此外，中医还有"治未病"的思想。在冬季祛除旺盛的肝火，保持肾精充盈可以为第二年的身体健康打下良好的基础。而饮用能够养肾防寒、解郁护肝的花草茶则是一条简便易行的途径。

驱寒暖身

　　"藏"是冬季养生最重要的原则。进入到冬季之后，随着气候变得寒冷干燥，阳气处于储藏收敛的状态。相应地，人体的新陈代谢也在逐渐变慢。此时，寒邪非常容易入侵人体，引发一系列疾病，因此驱寒暖身便成为冬季养生中一项十分必要的工作。要做到驱寒暖身，不仅要注意根据地区、气候的差异确定补充营养的原则，还需要通过饮用具有药效的茶品、食用山药来进行调节。常见的驱寒暖身的花草茶包括甜菊桂圆茶、玫瑰活血茶、紫苏甜姜茶、黄芪红枣饮等。

◀ 甜菊桂圆茶　　养血驱寒

❋ 养生功效

甜菊叶（干）　　生姜　　桂圆（干）

1 3 5 8 ⑩
15 18 20 25 30

冲泡时间：10 分钟左右

▶ 养血安神，温肺散寒，改善手脚冰冷症状。

制作方法

材料：甜菊叶 1 片，生姜 2 克，桂圆（干品）5 颗。

冲泡方法：将所有材料放入杯中，冲入沸水，闷泡 10 分钟即可。

·茶材特色·

甜菊叶是多年生草本植物甜菊的叶子，主要分布在我国江苏等地。它当中含有一种叫作"甜菊素"的甜味物质。

【宜忌人群】

经常手脚冰凉及因天气而食欲暴增者适合饮用。
火气大者不宜饮用。

爱心提醒

▶ 甜菊叶适合与几乎所有花草茶进行配伍。

·答疑解惑·

Q：冬季驱寒暖身常吃的食物包括哪些？

A：常吃的食物包括红薯、玉米、黄豆。其中在寒冷的天气中食用红薯可以起到健脾胃、强肾阴的功效，常用于调理身体乏力、脾胃虚弱；而玉米则充当着血管"清道夫"的角色，具有预防心血管疾病的功效。

 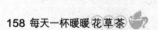

◀ 玫瑰活血茶　充盈气血，暖身

❀ 养生功效

 + +

玫瑰花（干）洋甘菊（干）　金盏花（干）

冲泡时间：
10分钟左右

▶ 充盈气血，缓解经期焦虑。

制作方法

材料：玫瑰花5朵，洋甘菊4克，金盏花3朵。

冲泡方法：将上述材料混合，与适量沸水放入杯中，闷泡10分钟即可。

茶材特色

中医认为，玫瑰花性微温，味甘苦，归入肝经、胃经与脾经，具有疏肝解郁、和血调经的功效。

【宜忌人群】

经期烦躁焦虑、睡眠不佳者适合饮用。
月经量大的女性不宜过多饮用。

爱心提醒

▶ 玫瑰花具有浓郁甜美的气味，常用作食品、化妆品的主要添加剂。

◀紫苏甜姜茶　补血暖身两不误

❀ 养生功效

紫苏叶（干）　　生姜　　　红糖

| 1 | 3 | 5 | 8 | 10 |
| 15 | 18 | 20 | 25 | 30 |

冲泡时间：
3分钟左右

▶ 解表散寒，温暖经络，暖身补血。

制作方法

材料：紫苏叶 10 克，生姜 5 片，红糖 20 克。

冲泡方法：将所有材料一同放入杯中，加沸水，闷泡 3 分钟即可。

茶材特色

生姜是多年生姜属植物的块根茎。中医认为，它性微温味辛，归入胃经、脾经与肺经，具有发汗解表、温中止呕的功效。

【宜忌人群】

头痛发热、风寒感冒、恶心呕吐者适合饮用。温病及气弱表虚者不宜饮用。

爱心提醒

▶ 由于紫苏的芳香成分非常容易挥发，因此茶品的冲制时间不宜太久。

◀黄芪红枣茶

补血益气，驱寒暖身

❋ 养生功效

黄芪（生）　＋　红枣（干）　＋　白糖

▶ 补气固表，利水退肿，驱寒暖身。

```
1  3  5  8  ⑩
├──┼──┼──┼──┼✦
15 18 20 25 30
├──┼──┼──┼──┤
```
冲泡时间：
10分钟左右

◖制作方法◗

材料：黄芪2克，红枣2颗，白糖适量。

冲泡方法：将所有材料放入杯中，冲入沸水，闷泡10分钟即可。

◖茶材特色◗

黄芪是人们经常食用的纯天然营养品，清宫内称其为"补气诸药之最"。现代医学认为，黄芪具有增强机体免疫力的功能。

【宜忌人群】

气血两虚、形寒肢冷、心动过缓者适合饮用。
阴虚阳亢、食积停滞、表实邪盛、气滞湿阻者不宜饮用。

爱心提醒

▶ 炖肉时加入黄芪可增强滋补作用。

◀舒眠茶

舒压助眠，促进新陈代谢

❄ 养生功效

 + +

紫罗兰（干）粉玫瑰花（干）薰衣草（干）

▶ 调和气血，排毒养颜，纾解压力，消除疲劳。

| 1 | 3 | 5 | 8 | 10 |
| 15 | 18 | 20 | 25 | 30 |

冲泡时间：
3 分钟左右

制作方法

材料：紫罗兰、粉玫瑰花、薰衣草各 3 克。

冲泡方法：将上述材料和沸水放入杯中，闷泡 3 分钟即可。

茶材特色

紫罗兰有淡淡的苦味及幽香，具有清热解毒、降脂减肥、消除疲劳的功效，常用于治疗伤风感冒，帮助伤口愈合。

【宜忌人群】

平时压力较大、情绪紧张、睡眠不佳及怕冷的人士适合饮用。
孕妇不宜饮用。

爱心提醒

▶ 紫罗兰茶还能够保护支气管，非常适合吸烟过多者饮用。

◀红枣生姜饮

补中益气，温中散寒

❁ 养生功效

 + +

红枣（干）　　　生姜　　　红糖

▶ 卫肺养心，温中散寒，调养气血。

制作方法

材料：红枣2个，生姜1片，红糖适量。

冲泡方法：将所有茶材放入杯中，加沸水，闷泡8分钟即可。

茶材特色

红枣素有"天然维生素丸"的美誉。据现代医学研究发现，它富含大量糖类物质及多种维生素，有助于提升人体免疫力。

【宜忌人群】

痛经的女性及尿频者适合饮用。
阴虚内热及实热证患者不宜饮用。

爱心提醒

▶ 红枣与新鲜的芹菜根搭配煎煮可以有效降低血脂和胆固醇。

1 3 5 8 10
15 18 20 25 30

冲泡时间：
8分钟左右

◀人参黄连茶

益脾益气，温中祛寒

人参（生）　　黄连（生）　　白术（生）

▶ 清热燥湿，清心除烦，泻火解毒，温中散寒。

冲泡时间：
20分钟左右

| 1 | 3 | 5 | 8 | 10 |
| 15 | 18 | 20 | 25 | 30 |

制作方法

材料：人参、黄连各 3 克，白术 9 克。

冲泡方法：将所有茶材研成粉末装入茶包，放入杯中，冲入沸水，闷泡 20 分钟即可。

茶材特色

黄连性味苦寒，归入心、胃、肝、胆、大肠五经，可以清心除烦，治疗火毒郁结引发的目赤目痛。

【宜忌人群】

火气大的人及热病心烦者适合饮用。

阴虚火旺、湿热便秘、阴虚津伤者不宜饮用。

爱心提醒

▶ 黄连服用时间过长或次数过多容易伤及脾胃。

◂姜枣陈皮茶　温中理气

❀ 养生功效

陈皮（干）　＋　绿茶　＋　生姜　＋　红枣（干）

▶ 温中理气，散寒解表，美颜。

冲泡时间：
15分钟左右

```
1 3 5 8 10
⑮ 18 20 25 30
```

制作方法

材料：陈皮、绿茶各5克，生姜5片，红枣10颗。

冲泡方法：在杯中加入所有材料及适量沸水，闷泡15分钟即可。

茶材特色

陈皮药材有"陈皮"和"广陈皮"之分。其中陈皮的外表呈现红棕色或橙黄色，味辛，微微有苦味。

【宜忌人群】

冬季感寒、胃脘胀满者适合饮用。
气虚体燥、阴虚躁咳及内有实热者不宜饮用。

爱心提醒

▶ 挑选陈皮时，无论是陈皮还是广陈皮，色鲜、香气浓、味甜苦辛者为佳。

◀映日怀香茶　温暖腹部，预防疝气

 +

小茴香子（干）无花果（干）

▶ 缓解身体不适，防治疝气。

材料：小茴香子9克，无花果（干品）6个。

冲泡方法：将上述茶材放入杯中，加沸水，闷泡20分钟即可。

· 茶材特色 ·

无花果又名奶浆果，中医认为，它性平味甘，无毒，具有健脾润肠滋养的功效，常用于消化不良、不思饮食等症。

〔宜忌人群〕

疝气及因吃生冷食物引发腹泻者适合饮用。
脂肪肝及便秘患者不宜饮用。

1	3	5	8	10
15	18	20	25	30

冲泡时间：
20分钟左右

爱心提醒

▶ 将鲜无花果片贴于眼下皮肤上可以帮助减轻眼袋。

芫香正气水 散寒暖胃

✿ 养生功效

香菜（鲜）　　生姜　　陈皮（干）

▶ 散寒暖胃，帮助肠胃排毒。

```
 1  3 ⑤ 8 10
 ┼┼┼┼┼
15 18 20 25 30
 ┼┼┼┼┼
```
冲泡时间：
5 分钟左右

制作方法

材料：香菜 3~5 棵，生姜（带皮）3 片，陈皮 1 片。

冲泡方法：将切碎的香菜、生姜片及陈皮丝一同放入杯中，加沸水，闷泡 5 分钟即可。

茶材特色

香菜又名芫荽，原产于地中海沿岸及中亚地区。中医认为，它性温味辛，归入胃经和肺经，常用于饮食不消等症。

【宜忌人群】

肠胃型感冒患者适合饮用。
过敏体质者不宜多饮。

爱心提醒

香菜与胡萝卜等搭配煮制香菜萝卜汤可以起到芳香健胃、增进食欲的功效。

◀蜂蜜红枣茶　温养脾胃

红枣（干）　＋　红茶　＋　蜂蜜

1	3	⑤	8	10
15	18	20	25	30

冲泡时间：
5分钟左右

▶ 滋润补气，强壮筋骨，润肠排毒，温养脾胃。

制作方法

材料： 红枣250克，红茶5克，蜂蜜少量。

冲泡方法： 把红枣、红茶放入锅中煮5分钟，取汁，调入蜂蜜，取1~2勺，温饮。

茶材特色

蜂蜜又名冬酿，是一种天然的滋养品。中医认为，它性平味甘，具有补中缓急、润肺止咳、解毒润肠的功效。

【宜忌人群】

便秘患者适合饮用。
糖尿病患者及腹胀者不宜饮用。

爱心提醒

冲泡此茶时宜选择枣肉较厚的红枣，并注意去掉枣核，以免上火。

◀ 阿胶桂圆茶　　温补驱寒

❀ 养生功效

桂圆（干）　＋　阿胶　＋　红枣（干）

冲泡时间：
10分钟左右

▶ 补血养气，益脾安神，润肤美容。

制作方法

材料：桂圆5克、阿胶3克、红枣1个。

冲泡方法：将茶材放入杯中，加沸水，闷泡10分钟，取汁饮。

茶材特色

中医认为，阿胶性平味甘，归入肺经、肝经和肾经，具有滋阴润肺、补血止血、定痛安胎的功效。

【宜忌人群】

冬季手脚冰凉者适合饮用。

糖尿病及感冒患者不宜饮用。

爱心提醒

▶ 阿胶最佳的服用时间是早饭和午饭后半个小时至1个小时之间，脾胃不佳者更要如此。

◀山楂生麦芽瘦身茶　瘦身更暖身

❀ 养生功效

 + + +

山楂（炒）　麦芽（生）　陈皮（干）　荷叶（干）

▶ 强健脾脏，降脂减肥，化体脂。

冲泡时间：
20分钟左右

制作方法

材料：炒山楂、生麦芽各3克，陈皮10克，荷叶15克。

冲泡方法：在锅中放入所有茶材和清水，小火煮20分钟，去渣取汁，温饮。

茶材特色

生麦芽和炒麦芽在功效上有所差异：生麦芽常用于断乳及乳汁淤积引起的乳房胀痛等症，炒麦芽则常用于食积不化。

【宜忌人群】

脂肪堆积、手脚冰冷者适合饮用。
胃酸过多者不宜饮用。

爱心提醒

▶ 不能及时用完的生麦芽宜放于阴凉通风处，以免泛潮或虫蛀。

◀ 祁门红茶

养胃祛寒，滋润皮肤

❀ 养生功效

祁门红茶

▶ 去寒暖胃，补水保湿。

1 3 ⑤ 8 10
+-+-+-+-+-+
15 18 20 25 30
+-+-+-+-+-+

冲泡时间：
5分钟左右

● 制作方法

材料：祁门红茶3片。

冲泡方法：将祁门红茶放入杯中。冲入适量沸水，盖上盖子闷泡5分钟，温后即饮。

● 茶材特色

祁门红茶是红茶中的极品，享有盛誉，不仅具有提神消疲、消炎杀菌、养胃护胃、滋养皮肤的功效，还能调节体温、刺激肾脏以促进热量和污物的排泄，维持体内的生理平衡。

【宜忌人群】

冬天体寒怕冷者适宜饮用。
火气旺盛者不宜多饮。

爱心提醒

▶ 女性经常饮用加糖、牛奶的红茶，能消炎、保护胃黏膜，对治疗溃疡也有一定效果。

青萝卜红茶

理气调胃，防治溃疡

❀ 养生功效

青萝卜 ＋ 红茶

1	3	5	8	10

15	18	20	25	30

冲泡时间：
20 分钟左右

▶ 排毒通气，去火降热。

◀ 制作方法

材料：青萝卜 100 克，红茶适量。

冲泡方法：将萝卜洗净切片，放入汤锅中煮 15 分钟。在锅中加入红茶，盖盖闷 5 分钟，随即可饮。

◀ 茶材特色 ·

青萝卜富含人体所需的营养物质，淀粉酶含量很高，可促进胃肠蠕动，有助于体内废物的排出。与红茶搭配，能起到消除燥热、清毒通气的功效。

【宜忌人群】

冬季头屑多、头皮痒、流鼻血者宜多饮。
弱体质、脾胃虚寒者不宜多饮。

爱心提醒

▶ 青萝卜不宜与蛇肉、人参、烤鱼、烤肉、橘子一起食用。

滋阴养肾

　　冬季气候干燥，人们常会由于天气的原因出现口干、鼻干、咽干等症状。此外，人体的新陈代谢在冬季到来之后也进入了一个缓慢循环的阶段。这就需要来自生命的原动力——肾的大力支持。因此，对于人们而言，滋阴养肾就成为冬季养生中非常关键的一步。具体而言，要想做到滋阴养肾，除了要注意秉持温补的饮食原则、注意加强运动之外，饮用花草茶也是一种不错的选择。常见的滋阴养肾茶饮包括桂圆茉莉花茶、桑葚竹叶茶、人参百合茶、黄芪人参茶、竹叶茶等。

◀ 桂圆茉莉花茶　　补气温肾，去水肿

❀ 养生功效

 +

桂圆（干）　茉莉花（干）

▶ 养血安神，补心固气，利水消肿。

制作方法

材料：桂圆 12 克，茉莉花 10 克。

冲泡方法：在杯中放入桂圆肉、茉莉花及适量沸水，闷泡 10 分钟即可。

茶材特色

除去活血调经之外，饮用茉莉花茶还可以有效地起到清除人体内的自由基、修复老化肌肤的效用。

【宜忌人群】

气血不足、失眠健忘、病后虚弱、体虚乏力者适合饮用。
孕妇、糖尿病患者及容易上火者不宜饮用。

冲泡时间：
10 分钟左右

爱心提醒

▶ 饮用桂圆茉莉花茶时，喝茶者可以先闻香，再慢品。

答疑解惑

Q：冬季适合饮用的滋阴润肺汤有哪几种？
A：常见的汤品包括茶树菇排骨汤、西瓜乌鸡汤、沙参玉竹鱼尾汤等。其中茶树菇排骨汤具有清肠胃、消脂、瘦身的功效；沙参玉竹鱼尾汤具有生津止渴、调气润肺的功效，对烟酒过多、睡眠不佳的人非常有帮助。

◀ 桑葚玉竹茶

滋阴安神，益气养血

❀ 养生功效

玉竹（干）　桑葚（干）　红枣（干）

▶ 滋阴养气，补血，除风热，安神。

1	3	5	8	10
⑮	18	20	25	30

冲泡时间：
15 分钟左右

◦ 制作方法

材料：玉竹、桑葚各 12 克，红枣 2 颗。

冲泡方法：将所有茶材放入杯中，加沸水，闷泡 15 分钟后即可。

茶材特色

玉竹，又名山苞米，是多年生草本植物玉竹的根茎。中医认为，它性平味甘，具有滋阴润肺、养胃生津的功效。

【宜忌人群】

气血不足、面色萎黄、大便干涩、口干咽燥者适合饮用。脾胃虚寒、大便稀溏者不宜饮用。

爱心提醒

▶ 玉竹大多同酸枣仁、麦冬等安神、清热养阴类的中药配伍。

◀竹叶茶　养肾通便

✿ 养生功效

 +

淡竹叶（干）　蜂蜜

| 1 3 ⑤ 8 10 |
| 15 18 20 25 30 |

冲泡时间：
5 分钟左右

▶ 清心除烦，利尿祛痰，降心肺肾火，抗菌消炎。

制作方法

材料：淡竹叶 5 克，蜂蜜适量。

冲泡方法：在杯中放入淡竹叶、蜂蜜及适量沸水，闷泡 5 分钟即可。

茶材特色

淡竹叶又名竹麦冬、山鸡米，中医认为它性微寒，味甘淡，归入心经、胃经和小肠经，可清除心火祛烦热。

【宜忌人群】

暑热心烦、口渴喜饮、小便黄而短小者适合饮用。孕妇及处于经期女性不宜饮用。

爱心提醒

▶ 淡竹叶绿茶具有治疗泌尿系统感染及上呼吸道感染的功效。

◂人参百合茶 滋阴安神

❀ 养生功效

人参（生） ＋ 百合（干）

▶ 清热消炎、平肝清火、解毒利咽、滋阴安神。

● 制作方法

材料：人参、百合各 10 克。

冲泡方法：在杯中放入人参、百合及适量沸水，闷泡 10 分钟即可。

茶材特色

人参有"百草之王"的美誉，自古以来就是一味名贵的中药材，常用于劳伤虚损、眩晕头痛等症。

【宜忌人群】

头晕目眩、失眠耳鸣者皆可饮用。
实热证患者及中寒者不宜饮用。

爱心提醒

▶ 饮用人参鸡肉汤可以起到治疗产后气血虚弱引发的乳汁不足。

◀ 党参枸杞茶

益气养血，滋阴养肝

❀ 养生功效

| 1 | 3 | 5 | 8 | 10 |
| 15 | 18 | 20 | 25 | 30 |

冲泡时间：
30 分钟左右

党参（生）　枸杞（干）　陈皮（干）　黄芪（生）

▶ 补中益气，健脾益肺，滋阴保肝。

制作方法

材料：党参、枸杞各 10 克，陈皮 15 克，黄芪 30 克。

冲泡方法：将所有茶材放入锅中，加清水，煮 30 分钟，去渣取汁。

茶材特色

中医认为，党参性平味甘，归入脾经与肺经，具有健脾补肺、益气生津的功效，用于脾胃虚弱、倦怠乏力等症。

【宜忌人群】

中气不足者适合饮用。
气滞、怒火盛者不宜饮用。

爱心提醒

▶ 饮用党参枸杞茶时不宜同时食用萝卜和茶叶，以免影响党参的补益功效。

◀桂圆洋参茶

滋阴养血，益智安神

✿ 养生功效

 +

桂圆（干）　西洋参（生）

▶ 补气养阴，清热生津，益智安神。

1	3	5	8	⑩
15	18	20	25	30

冲泡时间：
10分钟左右

制作方法

材料：桂圆3克，西洋参2克。

冲泡方法：在杯中放入桂圆肉、西洋参及适量沸水，闷泡10分钟即可。

茶材特色

桂圆又名龙眼，中医认为，它性温味甘，具有益心脾、补气血、安神的功效，常用于虚劳羸弱、失眠健忘等症。

【宜忌人群】

经常熬夜、睡眠不佳者适合饮用。
外感湿邪及痰饮胀满患者不宜饮用。

爱心提醒

▶ 由于经常食用新鲜的桂圆肉容易生出湿热，引起口干，故冲泡花草茶时常用干桂圆。

◀圆肉花生茶饮　健脾补心，养血止血

❀ 养生功效

 ＋ ＋

桂圆（干）　　花生　　红枣（干）

▶ 补充气血，促进脑细胞发育，延缓衰老。

冲泡时间：
15 分钟左右

制作方法

材料：桂圆、花生（带红衣）各 2 克，红枣 1 颗。

冲泡方法：将所有茶材放入杯中，冲入沸水，闷泡 15 分钟即可。

茶材特色

花生又名落花生、长生果，是一年生草本植物花生的果实。中医认为，它性平味甘，具有健脾和胃、利肾去水的功效。

【宜忌人群】

脾胃娇弱的宝宝及工作压力较大者适合饮用。孕妇不宜饮用。

爱心提醒

▶ 圆肉花生茶还可采用将茶材放入锅中加清水煮 30 分钟的方法制作。

◀黄芪人参茶　补气生血，益阳安神

❀ 养生功效

黄芪（生）　＋　人参（生）　＋　蜂蜜

▶ 补气固表，利水退肿，益阳安神。

| 1 | 3 | 5 | 8 | ⑩ |
| 15 | 18 | 20 | 25 | 30 |

冲泡时间：
10分钟左右

制作方法

材料：黄芪、人参各2克，蜂蜜适量。

冲泡方法：在杯中放入黄芪、人参及适量蜂蜜，闷泡10分钟即可。

茶材特色

人参是大补之物，但并非人人适合食用。胸闷腹胀、发热、体内有热毒、红光满面、舌苔黄厚者均不宜食用。

〔宜忌人群〕

贫血患者及体虚者适合饮用。

阴虚阳亢、食积停滞、表实邪盛者不宜饮用。

爱心提醒

▶ 黄芪人参茶也可以采用将所有茶材放入锅中，加清水煮20分钟的方法来冲制。

◀ 五味子红枣茶

益气生津，补肾养心

❀ 养生功效

 +

五味子（炙）　红枣（干）

▶ 补肾宁心，收敛固涩，益气生津。

冲泡时间：
10 分钟左右

● 制作方法

材料：五味子 3 克，红枣 1 颗。

冲泡方法：在杯中放入五味子及红枣，冲入沸水，闷泡 10 分钟即可。

·茶材特色·

五味子具有生津滋肾、敛肺收汗、涩精的功效，常用于口干口渴、肺虚喘咳、久泻久痢等症的治疗。

【宜忌人群】

面色萎黄、久咳虚喘、脾胃气虚、血虚及心悸失眠者适合饮用。

糖尿病患者不宜饮用。

爱心提醒

▶ 五味子还可以同人参、紫苏叶配伍冲泡，冲泡出的茶汤可以起到润肺的效用。

◀桑葚冰糖饮　　补血滋阴，养肝肾

❀ 养生功效

桑葚（干）　＋　冰糖

冲泡时间：
10分钟左右

1 3 5 8 ⑩
15 18 20 25 30

▶生津润燥，补血滋阴，补中益气，调和脾胃。

制作方法

材料：桑葚（干品）20克，冰糖10克。

冲泡方法：在杯中放入桑葚、冰糖及适量沸水，闷泡10分钟即可。

茶材特色

桑葚不仅可以冲泡花草茶，还可同芝麻、大米等搭配煮成桑葚芝麻粥。时常饮用它可以起到补益脾胃、延缓衰老的效用。

【宜忌人群】

内热消渴、眩晕耳鸣、大便干燥、神经衰弱、心悸失眠者适合饮用。

脾胃虚寒、大便稀溏者不宜饮用。

爱心提醒

桑葚还可同其他水果做成水果沙拉。

◀韭菜子茶

养阴清心，益肾固精

❋ 养生功效

韭菜子（干）　＋　食盐

1	3	5	8	10
⑮	18	20	25	30

冲泡时间：
15 分钟左右

▶ 温肾固精，暖腰膝，缩尿。

● 制作方法

材料：韭菜子 20 粒，食盐适量。

冲泡方法：在锅中放入韭菜子、食盐及适量清水，煎煮 15 分钟，温饮。

● 茶材特色

韭菜子又名韭菜仁，是百合科植物韭菜的干燥成熟种子。中医认为，它性温味辛甘，归入肾经与肝经。

【宜忌人群】

心胸烦闷、房事不振、遗精早泄者宜饮用。
阴虚火旺者不宜饮用。

爱心提醒

▶ 韭菜子与白芷、大米搭配煮成韭菜子白芷粥可以起到治疗肾虚带下的效用。

◀绞股蓝茶　补五脏，强身体

绞股蓝　＋　绿茶

▶ 补五脏，强身体，祛病抗癌，防治白发。

**冲泡时间：
10 分钟左右**

1	3	5	8	⑩
15	18	20	25	30

制作方法

材料：绞股蓝 10 克，绿茶 2 克。

冲泡方法：将烘焙过的绞股蓝与绿茶放入杯中，加沸水，闷泡 10 分钟即可。

茶材特色

绞股蓝茶，又名乌七叶胆茶，素有"南方人参"的美称。从外形上看，它的茶形肥壮硕大，色泽黄绿透翠。

【宜忌人群】

虚症患者及体弱多病者适合饮用。
脾胃虚寒、腹泻便溏者不宜饮用。

爱心提醒

▶ 绞股蓝茶买回之后应放于低温干燥处保存，以免走味。

◀黑豆雪梨茶

滋补肝肾，养阴活血

✿ 养生功效

 +

黑豆　　雪梨（鲜）

冲泡时间：
60 分钟左右

▶ 补血明目，补肾滋阴，生津润燥，除湿利水。

制作方法

材料：黑豆 30 克，雪梨 1~2 个。

冲泡方法：在锅中放入雪梨片、黑豆及适量清水，大火煮 15 分钟，再以小火煮 45 分钟即可饮用。

茶材特色

中医认为，黑豆性温味甘，无毒，归入心经、肾经与脾经，具有补血明目、除湿利水、补肾滋阴的功效。

【宜忌人群】

倦怠乏力易感冒及头发早白者适合饮用。
容易腹泻者不宜饮用。

爱心提醒

▶ 黑豆虽然药用范围很广，但食用过多容易伤身。

◀枸杞地黄茶

❈ 养生功效

 ＋

枸杞（干）　　生地黄

▶ 滋补肝肾，清热明目。

1	3	⑤	8	10
15	18	20	25	30

冲泡时间：
5 分钟左右

制作方法

材料：枸杞 10 克，生地黄 8 克。

冲泡方法：将枸杞、生地黄一起放入茶杯内，清水冲洗一下。倒入适量沸水，盖上杯盖
闷泡 5 分钟左右即可饮用。

•茶材特色•

枸杞富含甜菜碱、芦丁以及多种氨基酸和微量元素等，具有补肝益肾、生津止渴、祛风
除湿、活血化瘀等功效；生地黄则具有清热生津、滋阴养血等功效。

【宜忌人群】

虚劳腰痛、发热烦渴、视线模糊者适宜饮用。
脾虚泄泻、胃虚食少、胸膈多痰者不宜饮用。

爱心提醒

▶ 枸杞、陈皮和黄芪配在一起，可以
补中益气，健脾益肺，滋阴保肝。

◀ 金银花莲子心茶

益肾固精，滋补元气

✿ 养生功效

金银花（干） ＋ 莲子心（干） ＋ 红糖

▶ 益气补血，补肾固阳。

冲泡时间：
10 分钟左右

制作方法

材料：金银花 10 克，莲子心 20 克，红糖适量。

冲泡方法：将莲子心弄碎，与金银花一起放入砂锅中。倒入适量清水，先用大火烧沸，再用小火煎煮 10 分钟左右。滤去茶汤，向其中调入适量红糖即可饮用。

·茶材特色·

金银花既能宣散风热，还善清解血毒；莲子心，其味极苦，可以益肾固精、滋补元气，还可以强心健脾，补胃止泻；红糖性温，味甘，入脾，具有益气补血、健脾暖胃、缓中止痛、活血化瘀的作用。

【宜忌人群】

脾肾两虚、久泻不止者适宜饮用。
患有糖尿病的不宜饮用。

爱心提醒

▶ 莲子心除了能去心火，还能治疗口舌生疮、有助睡眠。但其性凉，体质虚寒者最好少喝。

◀康乃馨人参花茶

滋阴补肾，益气活血

康乃馨（干）　人参花（干）

▶ 固肾益精，调气补血。

制作方法

材料：康乃馨 3 朵，人参花 5 克。

冲泡方法：将康乃馨、人参花放入茶杯中，清水冲洗一下。倒入适量沸水，盖上杯盖闷泡 8 分钟左右即可饮用。

茶材特色

康乃馨富含多种微量元素，能清心除燥、排毒养颜、调节内分泌，同时具有固肾益精，治虚劳、咳嗽、消渴之功效；人参花性温和，善于生津又不耗气，具有提神降压、调理胃肠、缓解更年期综合征等功效。

【宜忌人群】

一般人皆可饮用，尤其是体弱者。
脾胃虚寒、腹泻者不宜饮用，孕妇也不宜饮用。

爱心提醒

▶ 人参花、杭白菊、枸杞搭配在一起，可起到清凉明目，提神补肾，消除暗疮、青春痘的功效。

```
 1  3  5  8 10
 +--+--+--+--+
15 18 20 25 30
 +--+--+--+--+
冲泡时间：
8 分钟左右
```

◀ 杜仲金樱子茶

❋ 养生功效

杜仲（干）　金樱子（干）

冲泡时间：
10 分钟左右

▶ 补益肝肾，收敛固涩。

制作方法

材料：杜仲 10 克，金樱子 8 克。

冲泡方法：将杜仲、金樱子一起放入茶杯中，清水冲洗一下。倒入适量沸水，盖上杯盖闷泡 10 分钟左右即可饮用。

·茶材特色·

杜仲富含多种营养元素，具补肝肾、强筋骨、降血压、安胎等功效；金樱子中含有大量的酸性物质，既能温补肾气，又能涩肠道，防止脾虚约束不力所致的泻痢。

【宜忌人群】

肾虚伴有腰膝酸软、带下尿频等症状者适宜饮用。
实火、邪热者不宜饮用。

爱心提醒

▶ 金樱子和粳米搭配，可以补肾强身，防治女性脾虚久泻及带下、子宫脱垂等。

◀菟丝子桑葚茶 益气生津，补肾养心

❀ **养生功效**

菟丝子 ＋ 桑葚（干） ＋ 党参（生）

▶ 补肾益精，养心益智。

1	3	5	8	10

⑮18 20 25 30

冲泡时间：15分钟左右

◢ **制作方法**

材料：菟丝子 10 克，桑葚 15 克，党参 8 克。

冲泡方法：将菟丝子、桑葚、党参用清水冲洗一下，一起放入保温杯中。冲入适量沸水，盖上盖子闷泡 15 分钟，即可倒出来饮用。

·**茶材特色**·

菟丝子具有补肾益精、养肝明目、固胎止泄之功效；桑葚为滋补强壮、养心益智佳果，具有补血滋阴、生津止渴、润肠燥等功效；党参含多种糖类、酚类、挥发油等，具有增强免疫力、扩张血管、降压、改善微循环、增强造血功能等功能。

【宜忌人群】

肝肾不足导致腰膝筋骨酸痛、腿脚软弱无力者适宜饮用。
气血旺盛者不适宜饮用。

爱心提醒

▶ 菟丝子、绿茶、冰糖搭配在一起，可以起到滋阴补肾的效果。

◀杞菊麦冬茶

✿ 养生功效

 + +

枸杞（干）　　菊花（干）　　麦冬（生）

▶ 养阴生津，滋肝补肾。

```
 1  3 ⑤ 8 10
┼┼┼┼┼
15 18 20 25 30
┼┼┼┼┼
```

冲泡时间：
5分钟左右

◎ 制作方法

材料：枸杞3克，菊花2克，麦冬2克。

冲泡方法：将枸杞、菊花、麦冬用清水冲洗一下，一同放入杯中。冲入适量沸水，盖紧盖子，闷泡约5分钟，待茶温后便可饮用。

•茶材特色•

麦冬能够养阴生津、增强垂体肾上腺皮质系统功能；枸杞具有滋补肝肾、降低血糖、抗脂肪肝作用，并能抗动脉粥样硬化；菊花则能够清热解毒、去火消炎、养肝补肾。

【宜忌人群】

盗汗、咽干者适宜饮用。
脾胃虚寒泄泻者不宜饮用此茶。

爱心提醒

▶ 决明子、菊花、大米、冰糖搭配在一起，可以清热明目，排毒养颜，润肺除燥。

◀ 玫瑰枸杞乌梅茶

健脾补肾，平肝明目

❀ 养生功效

玫瑰花（干）　枸杞（干）　贡菊（干）　乌梅（干）

1	3	⑤	8	10
15	18	20	25	30

冲泡时间：
5分钟左右

▶ 生津止渴，健胃益脾。

制作方法

材料： 玫瑰花 5 朵，枸杞 10 颗，贡菊 3 朵，乌梅 3 颗。

冲泡方法： 将玫瑰花、枸杞、贡菊、乌梅冲洗干净，一同放入杯中。用适量沸水冲泡，盖上盖子闷泡约 5 分钟即可饮用。

· 茶材特色 ·

玫瑰花具有强肝养胃、活血调经、润肠通便、解郁安神之功效；枸杞具有补肾益精、养肝明目的作用；乌梅可以止渴生津、消暑利水；贡菊可以平肝明目、清热解毒。

【宜忌人群】

风热感冒、发热头痛者适宜饮用。
咳嗽多痰者则不宜饮用。

爱心提醒

▶ 乌梅和五味子搭配，可以降血压、降血糖。

胎菊枸杞茶

✿ 养生功效

 +

胎菊（干）　　枸杞（干）

1 3 ⑤ 8 10
15 18 20 25 30

冲泡时间：
5分钟左右

▶ 补肾生精，养肝明目。

● 制作方法

材料：胎菊12朵，枸杞10颗。

冲泡方法：将胎菊、枸杞冲洗一下，一起放入茶杯中。冲入适量沸水，盖上盖子闷泡5分钟左右即可饮用。

● 茶材特色

胎菊，又称甘菊，亦名小白菊，性微寒，味辛甘苦，能疏散风热、平肝明目、清热解毒；枸杞含有丰富的胡萝卜素、维生素等营养成分，可治疗肝血不足、肾阴亏虚引起的视物昏花和夜盲症。

【宜忌人群】

眼睛疲劳、眼睛干涩者及夜盲症患者适宜饮用。

孕妇不宜饮用。

爱心提醒

▶ 胎菊是含苞欲放的杭白菊，采摘下来经过加工而成的饮用菊新品。上好的胎菊花苞完整、花瓣内敛蜷曲、形态整齐、色泽金黄、花蜜味香甜浓郁。

养肝明目

　　冬季到了，天气逐渐变凉，气候比秋天时变得更加干燥。又加之此时阴气旺盛，人们的体质也逐渐下降，肝火也变得旺盛起来，非常容易引发疾病。这就需要大家通过饮食、作息及心情等方面的调节来降火护肝。饮用花草茶也是其中一种不错的选择。常见的养肝明目茶包括保青茶、合欢菊花茶、元气桑菊茶、苦瓜薄荷茶等。经常饮用这些茶饮可以起到滋阴护体、清肝火、防口臭、预防眼部疾病等诸多效用。

◀ 保青茶　　滋阴护体，清肝火

✿ 养生功效

枸杞（干）　山楂（干）　茯苓　决明子（生）　甘草（生）

1	3	5	8	⑩
15	18	20	25	30

冲泡时间：10 分钟左右

▶ 滋阴清肝火，清新口气，防口臭。

◖制作方法

材料：枸杞 5 颗，干山楂 3 片，茯苓 3 克，决明子 2 克，甘草 1 片。

冲泡方法：将所有材料放入杯中，冲入沸水，闷泡 10 分钟即可。

·茶材特色·

中医认为，茯苓性平味甘，能够归入心经、肺经与脾经，具有宁心安神、渗湿利水、健脾和胃的功效。

【宜忌人群】

肝火旺盛者及口臭者适合饮用。
孕妇不宜饮用。

爱心提醒

▶ 茯苓薏仁粥常用于治疗小儿脾虚泄泻、小便不利等症。

·答疑解惑·

Q：冬季养肝明目常吃的食物有哪些？

A：中医有"青色入肝经"一说。也就是说，绿色食物对于护肝明目有着非常重要的作用。冬季经常食用的绿色食物包括菠菜、青苹果等。此外，经常食用猪肝也可起到补肝明目的功效。

◀合欢菊花茶

清肝明目，预防眼部炎症

❀ 养生功效

 +

合欢花（干）　菊花（干）

▶ 清热解毒，解郁安神，滋阴补阳。

1	3	⑤	8	10
15	18	20	25	30

冲泡时间：
5分钟左右

制作方法

材料：合欢花5克，菊花4朵。

冲泡方法：在杯中放入合欢花、菊花及适量沸水，闷泡5分钟即可。

茶材特色

合欢花又名夜合欢，主要分布于我国的浙江、四川、陕西等地，具有安神活络、舒郁理气的功效。

【宜忌人群】

长期使用电脑者及视疲劳者适合饮用。高血压患者不宜饮用。

爱心提醒

▶ 选购合欢花时，宜选择表皮细密、内皮色黄、味涩有刺舌感者。

◀元气桑菊茶

提神明目，缓解视疲劳

✿ 养生功效

 + +

桑叶（干）　　菊花（干）　　绿茶

1	3	⑤	8	10
15	18	20	25	30

冲泡时间：
5分钟左右

▶ 清热降火，消除眼干眼痒，治疗感冒。

制作方法

材料：桑叶8克，菊花6朵，绿茶10克。

冲泡方法：将所有茶材放入杯中，加沸水，闷泡5分钟即可。

茶材特色

中医认为，桑叶性寒味苦甘，具有清肝明目、疏风散热、清肺润燥的功效，常用于风热感冒、头晕头痛等症。

【宜忌人群】

干眼症患者、肝火旺盛者适合饮用。过敏性结膜炎患者不宜饮用。

爱心提醒

▶ 车前桑叶枸杞汤具有清热解毒、利水明目的功效，常用于热毒引发的急性结膜炎。

◀ 贡菊甘草茶

补肾益精，养肝脏

❀ 养生功效

贡菊（干） ＋ 甘草（生） ＋ 冰糖

▶ 清热解毒，抗菌消炎，补肾益精。

制作方法

材料：贡菊、甘草各1茶匙，冰糖少许。

冲泡方法：在杯中放入贡菊、甘草及适量沸水，闷泡10分钟即可。

茶材特色

贡菊又名黄山贡菊、徽州贡菊，被中国药典誉为"菊中之冠""民族瑰宝"。色白、蒂绿、花心小、均匀不散朵是其重要特征。

【宜忌人群】

肝火旺盛、血压高、倦怠乏力者适合饮用。体虚、胃寒腹泻者不宜饮用。

爱心提醒

▶ 饮用菊花茶可以有效地缓解风寒引起的头痛。

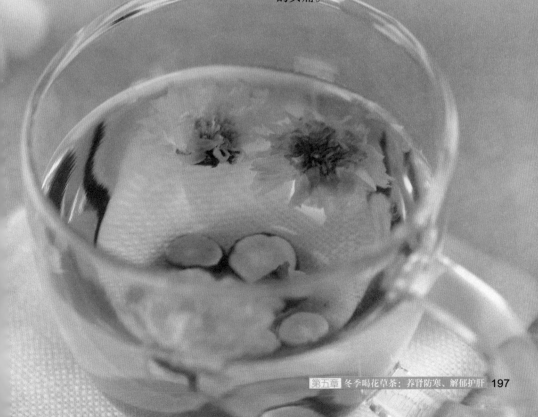

◀苦瓜薄荷茶

清热去火，明目

❖ 养生功效

 +

苦瓜片（干）　薄荷叶（干）

▶ 清热祛火，提神解郁，缓解头痛。

| 1 | 3 | ⑤ | 8 | 10 |
| 15 | 18 | 20 | 25 | 30 |

冲泡时间：
5分钟左右

制作方法

材料：苦瓜片4片，薄荷叶3片。

冲泡方法：在杯中放入苦瓜片和薄荷叶，冲入沸水，闷泡5分钟即可。

• 茶 材 特 色 •

苦瓜富含多种维生素及矿物质，能有效地促进身体的新陈代谢。经常食用它对消除青春痘极有助益。

【宜忌人群】

外感风热、目赤胀痛者适合饮用。
体虚多汗、脾胃虚寒、腹泻者及孕妇不宜饮用。

爱心提醒

▶ 孕妇由于血旺，且一般皆为实火，故不宜食用冬瓜等寒性较大的食物。

◀芦荟蜂蜜茶

养肝护肝，调节人体免疫力

❀ 养生功效

 +

芦荟（干）　　蜂蜜

▶ 养肝护肝，调节人体免疫力，帮助人体排毒。

● 制作方法

材料：芦荟 5~10 克，蜂蜜适量。
冲泡方法：在杯中放入芦荟及适量沸水，闷泡 10 分钟，调入蜂蜜即可。

● 茶材特色

芦荟，又名象胆、卢会，是多年生草本植物芦荟汁液的干燥物，原产于地中海沿岸及非洲一带。

【宜忌人群】

便秘、消化不良、关节炎、口腔炎患者皆可饮用。
脾胃虚寒、不思饮食者及孕妇不宜饮用。

爱心提醒

▶ 芦荟蜂蜜茶还有滋润皮肤、延缓衰老、镇静镇痛的作用，能够防治晕车晕船。

冲泡时间：
10 分钟左右

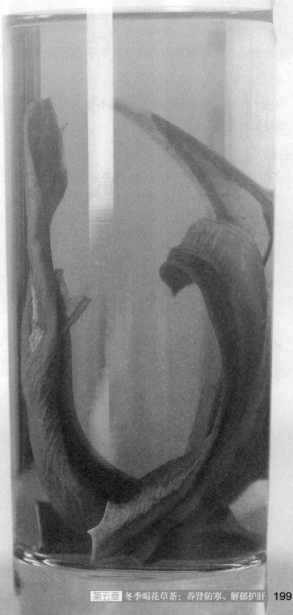

◀菊花决明子茶　　排毒通便，清肝明目

❀ 养生功效

菊花（干）　决明子（生）

▶ 清肝明目，通便排毒，降低血压血脂。

1	3	5	8	⑩
15	18	20	25	30

冲泡时间：
10 分钟左右

● 制作方法

材料：菊花 2~3 克，决明子 3~5 克。

冲泡方法：在杯中放入菊花、决明子及适量沸水，闷泡 10 分钟即可。

● 茶材特色

决明子不仅可以养肝明目，还是不错的减肥茶材。它同杭白菊、山楂配伍冲泡能够有效地降低血脂。

【宜忌人群】

各种眼疾及高血压、高血脂、肥胖症患者适合饮用。
孕妇、低血压患者及脾胃虚寒者不宜饮用。

爱心提醒

▶ 便秘患者在饮用此茶时可加入蜂蜜，以增强润肠通便效果。

◀陈皮车前草茶　　明目去火，理气健脾

❀ 养生功效

陈皮（干）　＋　车前草（干）　＋　绿茶

1 ③ 5 8 10
15 18 20 25 30

冲泡时间：
3分钟左右

▶ 凉血解毒，清热利尿，明目祛火，提神减肥。

制作方法

材料：陈皮、绿茶各2克，车前草1克。

冲泡方法：将所有茶材放入杯中，冲入沸水，闷泡3分钟，去渣取汁。

茶材特色

车前草表面有细皱纹，呈黑褐色或黄棕色，质地较硬，气味较淡，其种子呈椭圆形、不规则或三角状的长圆形。

【宜忌人群】

肝热目赤、小便不利、咽痛、肺热咳嗽者适合饮用。
精滑不固者不宜饮用。

爱心提醒

▶ 车前草蜂蜜茶可以用于百日咳的治疗。

◀菊花陈皮茶　　平肝去风

❀ 养生功效

陈皮（干）　菊花（干）　金盏花（干）

```
1  3 ⑤ 8 10
├─┼─┼─┼─┤
15 18 20 25 30
├─┼─┼─┼─┤
冲泡时间：
5 分钟左右
```

▶ 解毒发汗，理气健脾，排毒化痰。

• 制作方法

材料：陈皮 4 克，菊花、金盏花各 3 朵。

冲泡方法：将所有茶材放入杯中，加沸水，闷泡 5 分钟即可。

茶材特色

金盏花又名金盏菊，原产于欧洲南部及地中海沿岸一带。它的果实中富含维生素 A，能有效防止色素沉淀，增强肌肤弹性。

【宜忌人群】

食欲不佳、腹胀、容易疲倦乏力者适合饮用。
气虚胃寒、腹泻、阴虚内热者不宜饮用。

爱心提醒

▶ 金盏花还能有效地促进伤口愈合，减少疤痕的出现。

◀龙井菊花茶

保肝明目，减缓肝硬化

❀ 养生功效

 +

龙井　　　菊花（干）

▶ 杀菌清肝，保肝明目，提升人体抵抗力。

1	3	5	8	⑩
15	18	20	25	30

冲泡时间：
10分钟左右

● 制作方法

材料：龙井10克，菊花15克。

冲泡方法：在杯中放入菊花与龙井，加沸水，闷泡10分钟，去渣取汁。

茶材特色

西湖龙井是中国十大名茶之一，因产于西湖龙井地区而得名。色绿、香郁、味甘、形美被称为龙井"四绝"。

【宜忌人群】

急性眼角膜炎患者适合饮用。
胃寒胃痛、慢性腹泻便溏者不宜饮用。

爱心提醒

▶ 在清明之前采摘的龙井被称为明前龙井，是龙井中的极品。

◀苦瓜茶　明目解毒

❀ 养生功效

 +

苦瓜片（干）　　蜂蜜

1	3	5	8	⑩

15 18 20 25 30

冲泡时间：
10分钟左右

▶ 明目解毒，开胃进食，益气壮阳。

制作方法

材料：苦瓜片5克，蜂蜜适量。

冲泡方法：在杯中放入苦瓜片及适量沸水，闷泡10分钟，调入蜂蜜即可。

茶材特色

中医认为，苦瓜性味苦寒，归入肝、胃、脾、肾四经，可以起到清心明目、解疲乏的作用。

【宜忌人群】

"三高"患者及食欲不振者皆可饮用。
脾胃虚寒者及孕妇、经期女性不宜饮用。

爱心提醒

▶ 苦瓜绿茶能够起到抗氧化、防衰老、减肥去脂的作用。

◀杭白菊茶

养肝明目，生津止渴

❀ 养生功效

杭白菊（干）　　蜂蜜

冲泡时间：
10分钟左右

1	3	5	8	⑩
15	18	20	25	30

▶ 散风清热，消炎解毒，防辐射，生津止渴。

● 制作方法

材料：杭白菊1茶匙，蜂蜜适量。

冲泡方法：将杭白菊放入杯中，加沸水，闷泡10分钟，调入蜂蜜即可。

● 茶材特色

杭白菊又名药菊、茶菊，产于浙江桐乡，有"千叶玉玲珑"的美誉。中医认为，它性温味甘，具有健脾和胃、养肝明目的功效。

【宜忌人群】

高血压、偏头疼、急性角膜炎患者适合饮用。体虚、脾虚、胃寒且容易腹泻者不宜饮用。

爱心提醒

▶ 冲泡菊花茶时最好添加适量红糖或蜂蜜。

◀桑菊黄豆茶

清肝明目，消炎散风

✲ 养生功效

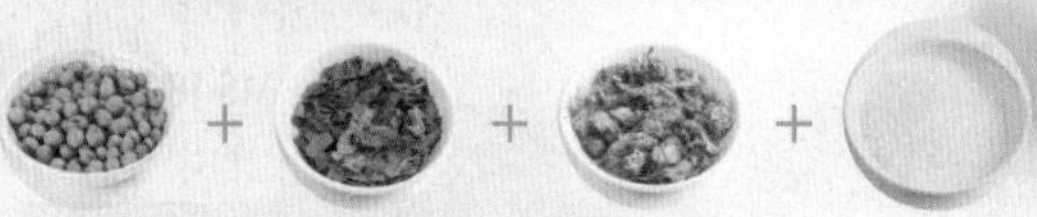

黄豆　冬桑叶（干）　菊花（干）　白糖

1 3 5 8 10
⑮ 18 20 25 30
冲泡时间：15 分钟左右

► 清肝明目，消炎，治疗眼部红肿。

制作方法

材料：冬桑叶 20 克，黄豆 60 克，菊花 15 克，白糖 30 克。

冲泡方法：将所有茶材放入锅中，加清水，煮 15 分钟，去渣取汁，调入白糖即可。

茶材特色

黄豆又名大豆，有“豆中之王”“植物肉”的美誉。中医认为，它味甘性平，有健脾宽中、清热解毒的功效。

【宜忌人群】

急性眼结膜炎患者适合饮用。
外感风寒咳嗽、胃寒胃痛及慢性腹泻便溏者不宜饮用。

爱心提醒

► 食用黄豆还可以降低血脂，抑制体重的增加。

◀ 杞菊养肝乌龙茶

促进代谢，养肝去脂

❀ 养生功效

枸杞（干）　　菊花（干）　　乌龙茶

▶ 利气血、清肝火、养阴明目。

```
1  3  ⑤  8  10
├──┼──┼──┼──┤
15 18 20 25 30
├──┼──┼──┼──┤
```
冲泡时间：
5分钟左右

◉ 制作方法

材料： 枸杞 10 颗，菊花 6 朵，乌龙茶 5 克。

冲泡方法： 将枸杞、菊花清洗一下，与乌龙茶一起放入茶杯中。倒入适量沸水，盖上杯盖闷泡 5 分钟即可饮用。

◉ 茶材特色

枸杞可调节机体免疫功能，具有延缓衰老、抗脂肪肝、调节血脂和血糖的功效；菊花具有疏风、清热、明目、解毒等功效；乌龙茶不仅可以提神益思、生津利尿，还能降血脂、抗衰老。

【宜忌人群】

肝火旺盛、血脂偏高者可以适当饮用。
外邪实热、脾虚有湿及泄泻者不宜饮用。

♥ 爱心提醒

▶ 玫瑰花＋乌龙茶，可起到活血养颜，和胃养肝，调脂纤体的功效。

◀菊花枸杞罗汉果茶

✿ 养生功效

菊花（干）　　枸杞（干）　　罗汉果（生）

1	3	5	8	10
15	18	20	25	30

冲泡时间：
8分钟左右

▶ 清热润肺，去火保肝，明目，防便秘。

制作方法

材料：菊花 3 朵，枸杞 10 颗，罗汉果半颗。

冲泡方法：将罗汉果掰成小块，连壳一起放入锅中，加水煮沸 3 分钟。往煮沸的罗汉果水中放入菊花、枸杞，盖盖闷泡 5 分钟即可饮用。

茶材特色

菊花具有清热去火、疏散风热、清肝明目的功效；罗汉果具有清热润肺、止咳、清暑解渴、润肠通便的功效。此茶饮具有缓解伤风感冒症状、清肝明目的功效。

【宜忌人群】

经常需要加班熬夜、火气重且伴有咳嗽者适合饮用。
孕妇、处于经期及脾胃虚寒的女性不宜饮用。

爱心提醒

▶ 菊花+佛手，可以疏肝理气、清热解毒，适合肝火旺盛、胸满胀闷的女性饮用。

◀陈皮桑叶板蓝根茶

滋肝，降火，促循环

❀ 养生功效

陈皮（干） ＋ 桑叶（干） ＋ 板蓝根（生） ＋ 冰糖

冲泡时间：
20分钟左右

▶ 平肝降火，镇咳止痒。

◉ 制作方法

材料： 陈皮5克，桑叶3克，板蓝根2克，冰糖适量。

冲泡方法： 陈皮、桑叶、板蓝根放入锅中，倒入适量清水，煎煮约20分钟。滤去茶渣，放入适量冰糖后即可饮用。

• 茶材特色 •

陈皮可以理气开胃，燥湿化痰，治脾胃病；桑叶具有降血压、血脂、抗炎等作用；板蓝根具有清热解毒、凉血消肿、利咽之功效。

【宜忌人群】

肝火旺盛者可以饮用。
哺乳期体寒妇女及经期女性不宜饮用。

爱心提醒

▶ 板蓝根可以抗病毒清热毒，毒副作用很小，但是用的时间长了，就会积"药"成疾。所以，应该避免大剂量、长期服用板蓝根。

◀甜菊叶减肥果茶

 养生功效

1	3	5	8	⑩
15	18	20	25	30

冲泡时间：
10 分钟左右

甜菊叶（干）　　减肥果

▶ 清热解毒，消炎利尿，滋养肝脏。

制作方法

材料：甜菊叶 3 克，减肥果 2 片。

冲泡方法：将甜菊叶、减肥果用清水冲洗干净，一起放入杯中。冲入适量沸水，盖上盖子闷泡 10 分钟后即可饮用。

·茶材特色·

甜菊叶能降低"三高"，滋阴生津，帮助消化，养精提神，滋养肝脏；减肥果能够消暑利渴、利水明目，长时间食用，可以帮助消脂，降低胆固醇，改善血液黏稠密度。

【宜忌人群】

高血压、急慢性肝炎患者适宜饮用。孕妇不宜饮用。

爱心提醒

▶ 经常饮用甜菊茶可消除疲劳，降低血糖浓度。单独冲泡的甜菊茶只有甜味，可以作为调味剂混合其他花草饮用。

◀蜂蜜灵芝茶

✿ 养生功效

灵芝（生）　　　蜂蜜

冲泡时间：
10 分钟左右

▶ 调理内分泌，提高人体免疫力，滋补气血，保护肝脏。

制作方法

材料：灵芝 5 克，蜂蜜适量。

冲泡方法：将灵芝冲洗干净以后放入茶杯中。冲入沸水闷泡 10 分钟，待水稍温后调入蜂蜜即可饮用。

茶材特色

灵芝可以增强人体免疫力，降低血压、血糖，保肝护肝；蜂蜜能够补充体力，对肝脏有保护作用，能够促使肝细胞再生。

【宜忌人群】

经常熬夜、视疲劳者适宜饮用。
脘腹胀满、苔厚腻者不宜饮用。

爱心提醒

▶ 未满 1 岁的婴儿不宜吃蜂蜜，婴儿的抵抗力弱，易引起中毒。

◀芍药花养肝茶　疏肝活血，止痛泻火

❀ **养生功效**

芍药花（干）

▶ 活血散瘀，养血舒肝，止痛泻火。

1	3	5	⑧	10

15	18	20	25	30

冲泡时间：
8 分钟左右

制作方法

材料：芍药花 5 克。

冲泡方法：将芍药花用清水洗净后放入杯中。冲入适量的沸水，盖上盖子闷泡 8 分钟左右即可饮用。

·**茶材特色**·

芍药被称为女科之花，有活血化瘀、养血柔肝的功效，能够改善女性皮肤粗糙，治疗由内分泌紊乱引起的各种斑，还能够促进新陈代谢，提高免疫力。女性常饮能使气血充沛，容颜红润，精神饱满。

【宜忌人群】

免疫力低下者适宜饮用。
体质偏寒者及孕妇不宜饮用。

爱心提醒

芍药花既可以单泡，又可以搭配绿茶饮用。

解郁，调情志

寒风瑟瑟，万物凋零，人们见之常会生出低落的情绪和压抑的心情，对所有事情的爱好都降低。这就是大家常说的冬季忧郁症。它本来是一种正常的生理现象，可是一旦时间过久，长期处于忧郁的情绪中，人们就会变得容易发怒，常常生出无名之火，甚至会形成气郁体质，进而影响到身体健康。所以，特别是对存在轻微的冬季抑郁症的人们而言，合理地调节情绪，找到恰当的发泄途径都是非常必要的。而在调节情绪的众多方法当中，饮用花草茶可以称得上是一个非常简单易行的方法。

◀玫瑰普洱　　纾解胸闷、气烦

✿ 养生功效

 + +

玫瑰花（干）　　普洱茶　　蜂蜜

```
 1  3  5 ⑧ 10
 |  |  |  |  |
15 18 20 25 30
 |  |  |  |  |
```
冲泡时间：8分钟左右

► 调经利尿，缓和肠胃神经，疏解胸闷。

● 制作方法

材料：玫瑰花6克，普洱茶、蜂蜜适量。

冲泡方法：在杯中放入玫瑰花、普洱茶及适量沸水，闷泡8分钟，调入蜂蜜即可。

● 茶材特色

普洱茶历史悠久，主要产于云南、贵州等地，具有清热消暑、利水通便、祛风解表的功效。

爱心提醒

► 普洱茶性味平和，饮用后会附着于胃的表层，生成有益的保护层，起到养胃护胃的功效。

【宜忌人群】

处于经期的女性及肠胃功能不佳者适合饮用。
孕妇不宜饮用。

● 答疑解惑

Q：为何冬季多晒太阳可以解忧郁？

A：冬季阳光照射大幅减少，但人体的生物钟却不能在短时间内适应这种变化，因而容易出现内分泌失调及脏腑功能紊乱的情况，情绪也会受影响。而在冬季多晒太阳，能够使人体的细胞逐渐兴奋起来，缓解情绪和精神上的不适症状。

◀合欢花茶

安神、理气、解郁

❋ 养生功效

合欢花（干）　＋　蜂蜜

▶ 养心健脾，解郁理气，清热解暑。

冲泡时间：
5分钟左右

1 3 ⑤ 8 10
15 18 20 25 30

制作方法

材料：合欢花5克，蜂蜜适量。

冲泡方法：在杯中放入合欢花及适量沸水，闷泡5分钟，调入蜂蜜即可。

茶材特色

除去冲泡花草茶，百合花还可以用作药膳的原料。常见的百合药膳包括百合鸡子汤、百合香米粥、百合党参猪肺汤等。

【宜忌人群】

神经衰弱、胸闷不舒及眼疾患者适合饮用。孕妇不宜饮用。

爱心提醒

饮用合欢花茶时，除了蜂蜜，饮茶者还可以根据个人口味添加冰糖调味。

◀香附枣仁茶 疏肝、解郁、安神

❀ 养生功效

 +

香附（生）　酸枣仁（生）

▶ 理气解郁，宁心安神，养肝敛汗。

● 制作方法

材料：香附、酸枣仁各3克。

冲泡方法：在锅中放入香附、酸枣仁及适量水，大火煮沸后，小火煮10分钟，去渣取汁。

● 茶材特色

中医认为，香附性微寒，味甘，无毒，归入肝经与三焦经，具有理气解郁、调经止痛、安胎的功效。

【宜忌人群】

慢性肝炎、气郁不舒、胸胁胀痛等症患者适合饮用。
有实邪热火者及阴虚血热者不宜饮用。

```
1  3  5  8  ⑩
├──┼──┼──┼──┤
15 18 20 25 30
├──┼──┼──┼──┤
冲泡时间：
10分钟左右
```

爱心提醒

▶ 生枣仁与炒枣仁在镇定效用上并无区别，但前者效用较弱。

◀红玫瑰花草茶

疏肝解郁，美白活血

❀ 养生功效

红玫瑰花（干）　　冰糖

▶ 缓和情绪，消除疲劳，平衡内分泌，美白肌肤。

制作方法

材料：红玫瑰花 5 朵，冰糖适量。

冲泡方法：在杯中放入红玫瑰花及适量沸水，闷泡 5 分钟后调入冰糖即可。

茶材特色

玫瑰花性温，香气迷人，含有人体所需的众多氨基酸及微量元素。经常饮用玫瑰花茶可以有效地去除黑斑，美白肌肤。

【宜忌人群】

女性乳痛、痛经、月经不调者皆可饮用。
孕妇、阴虚有火者及便秘者不宜饮用。

爱心提醒

▶ 红玫瑰花与灵芝片配伍冲泡可以起到美颜护肤、亮肤减压、改善睡眠的效用。

◀百合菊花茶 疏肝理气，抗抑郁

❄ 养生功效

 + +

百合花（干）杭白菊（干）柠檬草（干）

冲泡时间：
5分钟左右

▶ 缓解心神不宁，消除低落情绪，抗抑郁。

制作方法

材料：百合花、杭白菊各3朵，柠檬草（干品）3克。

冲泡方法：将所有茶材放入杯中，冲入沸水，静置5分钟即可。

茶材特色

中医认为，百合花性微寒平，味甘微苦，能够深入肺经，具有润肺清火安神的功效，常用于咳嗽、眩晕、夜寐不安等症。

【宜忌人群】

情绪焦虑低落、工作压力较大及抑郁症患者适合饮用。
脾胃虚寒者不宜饮用。

爱心提醒

喝茶者可在饮用百合菊花茶时加入蜂蜜或冰糖。

◀心情舒畅茶　缓解郁闷情绪

❀ 养生功效

茉莉花（干）玫瑰花（干）洋甘菊（干）柠檬草（干）

▶ 活血美容，滋润肌肤，祛寒解郁。

1	3	5	8	10
15	18	20	25	30

冲泡时间：
8分钟左右

制作方法

材料：茉莉花8朵，玫瑰花4朵，洋甘菊、柠檬草各3克。

冲泡方法：将所有茶材放入杯中，倾入沸水，闷泡8分钟即可。

茶材特色

柠檬草不仅是冲泡花草茶的重要原料，还是东南亚料理的一大特色。尤其是柠檬清凉淡爽的香味非常适合泰式料理。

【宜忌人群】

情绪焦虑、压力较大者及手脚冰凉者适合饮用。孕妇不宜饮用。

爱心提醒

▶ 柠檬草放入水中可以起到清洁皮肤、促进血液循环的效用。

◀ 梅花玫瑰茶　　疏肝理气

❀ 养生功效

 ＋ ＋

梅花（干）　玫瑰花（干）柠檬草（干）

```
 1  3 ⑤ 8 10
┼┼┼┼┼┼
15 18 20 25 30
┼┼┼┼┼┼
```
冲泡时间：
5 分钟左右

▶ 疏肝理气，缓解心情焦虑、精神疲乏。

⦿ 制作方法

材料：梅花、玫瑰花各 3 朵，柠檬草 3 克。

冲泡方法：将所有茶材放入杯中，冲入沸水，闷泡 5 分钟即可。

茶材特色

梅花，又名酸梅、合汉梅，是蔷薇科植物梅的花蕾。中医认为，它性平，味微苦涩，具有开郁和中、化痰解毒的功效。

【宜忌人群】

精神焦虑、易疲乏及面部肌肤干燥者适合饮用。孕妇不宜饮用。

爱心提醒

▶ 梅花有股清香之气，花蕾呈现尖球形，花萼为红棕色或灰绿色，花瓣呈现淡粉红色或黄白色。

◀快速提神茶

迅速安定神经，治疗热狂烦闷

❀ 养生功效

 +

莲子心（干）淡竹叶（干）

▶ 消痰降压安神，治疗热狂烦闷。

| 1 | 3 | ⑤ | 8 | 10 |
| 15 | 18 | 20 | 25 | 30 |

冲泡时间：
5分钟左右

制作方法

材料：莲子心、淡竹叶各2克。

冲泡方法：在杯中放入莲子心、淡竹叶及适量沸水，闷泡5分钟，温饮即可。

茶材特色

淡竹叶和竹叶性味相近，但二者并非同一种植物，而且功效不同。其中淡竹叶多用于小便不利、灼热涩痛等症。

【宜忌人群】

热狂烦闷、情绪焦虑者适合饮用。
脾虚便溏者不宜饮用。

爱心提醒

▶ 中药淡竹叶多为干品，而竹叶常以鲜品入药，并有清热生津的功效。

◀薰衣茉莉茶

消除压力，纾解忧郁

茉莉花（干）　薰衣草（干）　洋甘菊（干）　蜂蜜

```
 1  3  5  8 10
+-+--+--+--+--+
⑮ 18 20 25 30
+-+--+--+--+--+
```

冲泡时间：
15分钟左右

▶ 放松心情，消解压力，缓和紧张情绪，改善睡眠。

制作方法

材料：茉莉花10克，薰衣草10克，洋甘菊7克，蜂蜜适量。

冲泡方法：将所有茶材放入杯中，倾入沸水，闷泡15分钟，调入蜂蜜即可。

茶材特色

薰衣草有"百草之王"的美誉，自古以来就广泛应用于医疗上，具有健胃发汗、止痛催眠的功效，是治疗伤风感冒的良药。

【宜忌人群】

情绪焦躁、压力较大的上班族适合饮用。孕妇不宜饮用。

爱心提醒

▶ 薰衣草还可做成茶枕，帮助入眠。

◀玫瑰银杏茶

舒缓胸闷，疏肝解郁

✿ 养生功效

银杏叶（干） ＋ 玫瑰花（干） ＋ 蜂蜜

1 3 5 8 10
15 18 ⑳ 25 30

冲泡时间：
20 分钟左右

▶行气安神，疏肝解郁，舒缓心悸、胸闷。

制作方法

材料：玫瑰花 15 克，银杏叶 11 克，蜂蜜少许。

冲泡方法：将所有茶材放入杯中，加沸水，闷泡 20 分钟，调入蜂蜜即可。

·茶材特色·

中医认为，银杏叶性平，味甘苦，归入心经与肺经，具有活血化瘀、敛肺平喘的功效，常用于预防心脑血管疾病。

【宜忌人群】

冠心病、心绞痛患者及肺虚咳嗽者适合饮用。
孕妇及实邪者不宜饮用。

爱心提醒

▶银杏叶对更年期综合征有很好的缓解效用。

◀合欢花山楂饮

理气解郁，活血降脂

✿ 养生功效

 +

合欢花（干）　　山楂（鲜）

▶ 理气解郁，开胃活血，治疗胸闷不舒。

```
1  3  5  8  10
├──┼──┼──┼──┼──┤
⑮ 18 20 25 30
┼──┼──┼──┼──┤
```
冲泡时间：
15分钟左右

◉ 制作方法

材料：合欢花30克，鲜山楂15克。

冲泡方法：在锅中放入合欢花、山楂及适量清水，煮15分钟，去渣取汁。

• 茶材特色

山楂全身都是宝。其中山楂果可以治疗水痢、疮疡；山楂根能够消积，用于反胃；吞咽山楂核可以消食化积。

【宜忌人群】

脂肪肝患者、处于经期的女性适合饮用。孕妇不宜饮用。

爱心提醒

▶ 山楂可以辅助治疗继发性肥胖症，而合欢花能够治疗神经衰弱。

◀甘麦安神茶　疏肝解郁，宁心安神

✿ 养生功效

 + + +

甘草（炙）　合欢皮（干）　酸枣仁　　淮小麦（生）

冲泡时间：
15 分钟左右

▶ 解郁安神，缓解焦虑，改善睡眠。

制作方法

材料：炙甘草、合欢皮各 10 克，酸枣仁 15 克，淮小麦 30 克。

冲泡方法：在锅中放入所有材料及适量清水，大火煮沸后，改小火煎煮 15 分钟，去渣取汁。

茶材特色

淮小麦主要产于我国江淮地区，是禾本科植物小麦的果实。中医认为，它性平味甘，归入心经，具有 养心安神的功效。

【宜忌人群】

烦躁焦虑、失眠多梦、心悸盗汗者适合饮用。
湿盛胀满、浮肿者不宜饮用。

爱心提醒

▶ 淮小麦常与炙甘草、大枣配伍同用。

◀玫瑰蜜枣茶　滑肠解郁

❀ 养生功效

 +

玫瑰花（干）　　蜜枣

▶ 疏肝通经，滑肠解郁，通便瘦身。

1	3	⑤	8	10
15	18	20	25	30

冲泡时间：
5 分钟左右

制作方法

材料：玫瑰花 2 朵，蜜枣 5 颗。

冲泡方法：在锅中放入玫瑰花、蜜枣及适量清水，煮 5 分钟即可。

茶材特色

蜜枣大多数是用大青枣秘制而成，较多地保留了枣的营养价值，能够有效地提升人体免疫力，滋补病后虚弱的身体。

【宜忌人群】

肥胖症患者及便秘者适合饮用。
孕妇不宜饮用。

爱心提醒

▶ 消便秘是玫瑰蜜枣茶最基本的功效，但用量较重会出现轻微的腹泻症状。

◀玫瑰花生奶茶

温补气血，安心神

❀ 养生功效

玫瑰花（干） 　 花生 　 牛奶

▶ 改善肤质，宁心安神，补气养血。

制作方法

材料：玫瑰花5朵，花生15克，牛奶1杯。

冲泡方法：在牛奶加热煮5分钟后放入杯中。将玫瑰与花生洗净后放入杯中捣碎，与牛奶调匀后即可饮用。

茶材特色

玫瑰有调理气血、养胃养颜的作用；花生性平，味甘，可以醒脾和胃、润肺化痰、滋养调气、清咽止咳。二者与牛奶搭配，营养丰富，能起到很好的补血养血的功效。

【宜忌人群】

工作压力大者适宜饮用。
孕妇不宜饮用。

爱心提醒

▶ 花生米浸泡在醋中，每日吃20粒，能有效治疗中老年女性的高血压症状。

第六章

每天一杯花草茶，
对症茶饮保健康

　　花草茶不仅可以按照四季节气饮用，还可以用于日常的养生保健。如勿忘我珍珠粉茶可用于美容抗衰，龙井枸杞山楂茶可用于减压塑身，甜菊普洱茶能够降低血压和血脂，常饮麦冬茶能够有效地预防心血管疾病，饮用红花茶可以调理月事……本章就将为大家介绍几类常见的健康功能茶饮。

美容抗衰

　　爱美之心，人皆有之。自古以来，保持美丽的容颜与益寿延年便成为人们追求的两大主题。其实，美容抗衰不仅寄予着人们对美的追求，更是日常健康养生的重要组成部分。如何才能使自己梦想成真呢？除了要根据自身特质调整饮食和作息之外，大家不妨尝试饮用花草茶。经常饮用勿忘我珍珠粉茶、玫瑰香橙茶、桃花枸杞茶等可以起到美白肌肤、清肝明目、减少皱纹与色斑、保持皮肤弹性的效用。

◀勿忘我珍珠粉茶　　祛斑、美白

✿ 养生功效

勿忘我（干）　　珍珠粉

▶ 美白肌肤，清肝明目，减少皱纹与色斑。

● 制作方法

材料： 勿忘我、珍珠粉各适量。

冲泡方法： 将勿忘我和珍珠粉一同放入杯中，加沸水，闷泡10分钟左右即可。

·茶材特色·

勿忘我不仅可以单泡，还可同金银花、月季花、菊花、莲子心等配伍复方冲泡，以达到清热解毒、缓解痛经、暑痱的目的。

【宜忌人群】

面部有皱纹及色斑者适合饮用。
孕妇不宜饮用。

爱心提醒

▶ 以珍珠粉与少量蜂蜜、牛奶为原料制成的面膜具有美容祛斑的功效。

·答疑解惑·

Q：女性美容抗衰老在饮食上有哪些秘诀？
A：女性美容抗衰在饮食上总的来说有以下几个方面：每天至少一个新鲜水果，吃两盘品种多样的蔬菜，烹调用油量不超过三勺，食用四碗杂粮粗饭，五份蛋白质食物，六种调味品及饮用七杯水。

| 1 | 3 | 5 | 8 | 10 |
| 15 | 18 | 20 | 25 | 30 |

冲泡时间：
10分钟左右

◀柠檬草蜂蜜茶

抗衰护肤

❖ 养生功效

 +

柠檬草（干）　　　蜂蜜

| 1 | 3 | 5 | 8 | 10 |
| 15 | 18 | 20 | 25 | 30 |

冲泡时间：
8 分钟左右

▶ 健胃健脾，利尿助消化，滋润皮肤。

◖ 制作方法

材料：柠檬草 3~5 克，蜂蜜适量。

冲泡方法：在杯中放入柠檬草和适量沸水，闷泡 8 分钟，调入蜂蜜即可。

◖茶材特色◗

柠檬草原产于亚洲印度、斯里兰卡、印度尼西亚等国。在印度传统医术中，它更是被视为可以治疗百病的药用植物。

【宜忌人群】

贫血、急性胃肠炎、慢性腹泻患者适合饮用。孕妇不宜饮用。

爱心提醒

　平时饮用柠檬草茶不仅可以预防疾病，还可提升人体免疫力，达到治病强身的目的。

◀玫瑰香橙茶　　保持皮肤弹性，延缓血管老化

❈ 养生功效

玫瑰花（干）　　橙子（鲜）

▶ 通经活络，软化血管，美容养颜抗衰。

| 1 | 3 | ⑤ | 8 | 10 |
| 15 | 18 | 20 | 25 | 30 |

冲泡时间：
5分钟左右

◖制作方法

材料： 玫瑰花3朵，橙子1个。

冲泡方法： 在杯中放入橙子果肉、玫瑰花，冲入沸水，闷泡5分钟即可。

•茶材特色•

橙子又名黄果、金环，是芸香科植物香橙的果实，原产于我国东南部。时常饮用橙汁可以起到解油腻、解酒、消积食的效用。

【宜忌人群】

一般人群均可饮用。
孕妇不宜饮用。

爱心提醒

▶ 橙子肉与橙子核的效用略有差异，前者偏重于止呕吐，消鱼蟹之毒，后者偏重治疗腰痛。

◀茯苓蜂蜜茶

补充体能，护肤健体

✿ 养生功效

 +

茯苓（干）　　蜂蜜

1	3	5	8	⑩
15	18	20	25	30

冲泡时间：
10 分钟左右

▶ 健脾和胃，渗湿利水，宁心安神。

● 制作方法

材料： 茯苓 10~15 克，蜂蜜适量。

冲泡方法： 在杯中放入茯苓及适量沸水，闷泡 10 分钟，调入蜂蜜即可。

茶材特色

根据用药部位的不同，中药茯苓还有白茯苓和赤茯苓之分。其中前者功用偏重于健脾，后者偏重于利湿。

【宜忌人群】

小便不利、体虚失眠、心悸等症患者适合饮用。
气虚下陷、虚寒滑精者不宜饮用。

爱心提醒

▶　茯苓和蜂蜜配伍还可制成茯苓蜂蜜面膜，该面膜具有美白祛斑、润泽肌肤的功效。

◀ 美白祛斑茶

通经络，消炎祛斑

1 3 5 8 10
15 18 20 25 30
冲泡时间：
5 分钟左右

❖ 养生功效

千日红（干）牡丹花球（干）桃花（干）　柠檬（干）

▶ 排毒养颜，美肤祛斑，调理气血，延缓衰老。

● 制作方法

材料：千日红、牡丹花球各 3 朵，桃花 6 朵，柠檬 1 片。

冲泡方法：在杯中放入所有材料及适量沸水，闷泡 5 分钟即可。

·茶材特色·

牡丹花不仅可以冲泡花草茶，还能够做成色香味美的药膳。常见的牡丹花药膳包括牡丹鸡片、花香鸡蛋羹等。

【宜忌人群】

月经不调、面部有色斑、暗疮者皆可饮用。孕妇不宜饮用。

爱心提醒

▶ 牡丹干燥的根皮也是一味中药，被称为牡丹皮，具有清热凉血、活血散瘀的功效。

◀ 排毒养颜茶　　美白祛斑，净化身心

❀ 养生功效

洋甘菊（干）　紫罗兰（干）　决明子（炒）

▶ 美白温经，降脂瘦身，改善便秘。

冲泡时间：
5分钟左右

1 3 ⑤ 8 10
15 18 20 25 30

● 制作方法

材料：洋甘菊、紫罗兰各5克，决明子3克。

冲泡方法：将所有材料放入杯中，加沸水，闷泡5分钟即可。

·茶材特色·

洋甘菊不仅是花草茶的原料，还可以用于制作药膳。饮用洋甘菊豆浆可以有效地疏风散热，起到清热解毒的效用。

【宜忌人群】

便秘患者及面部有斑者适合饮用。
有腹泻症状的人士及低血压患者不宜多饮。

爱心提醒

▶ 洋甘菊有通经作用，从孕前3个月起即不宜饮用。

◀金银连翘茶

清热去痘皮肤好

✿ 养生功效

金银花（干） ＋ 连翘（生）

冲泡时间：
5分钟左右

1 3 ⑤ 8 10
15 18 20 25 30

▶ 清热解毒，赶走面部的痘痘。

● 制作方法

材料：金银花、连翘各5克。

冲泡方法：在锅中放入金银花、连翘及适量清水，煮5分钟，去渣取汁。

茶材特色

连翘又名空壳，是木犀科植物连翘的果实。中医认为，它性味苦凉，归入心经、肝经与胆经，具有清热解毒、散结消肿的功效。

【宜忌人群】

暑热烦渴、肠炎、痢疾患者适合饮用。
脾虚便溏者不宜饮用。

爱心提醒

▶ 大家可以在吃完油炸食物或麻辣火锅之后饮用金银连翘茶。

◀千日红绞股蓝茶

清肝明目，延缓衰老

❖ 养生功效

 + +

千日红（干）　绞股蓝（生）　贡菊（干）

▶ 清肝明目，延缓衰老，增强抵抗力。

1	3	⑤	8	10
15	18	20	25	30

冲泡时间：
5分钟左右

● 制作方法

材料：千日红5朵，绞股蓝1克，贡菊4朵。

冲泡方法：在杯中放入所有材料，加沸水，闷泡5分钟即可。

● 茶材特色 ●

中医认为，绞股蓝性寒味苦，无毒，具有消炎解毒、止咳祛痰的功效。如今，它常被用于治疗心血管疾病。

【宜忌人群】

长期疲劳者、肥胖症及慢性支气管炎患者适合饮用。寒性体质及脾胃虚寒者不宜饮用。

爱心提醒

▶ 饮用绞股蓝茶还可以消除激素类药物带来的副作用。

◀玫瑰贡菊茶 健胃益脾，美白补水

✿ 养生功效

玫瑰花（干）　＋　贡菊（干）　＋　枸杞（干）　＋　蜂蜜

▶ 增益脾胃，美白补水。

1	3	5	8	10
15	18	20	25	30

冲泡时间：5分钟左右

制作方法

材料： 玫瑰花5朵，贡菊3朵，枸杞1茶匙，蜂蜜适量。

冲泡方法： 在杯中放入所有材料，加沸水，闷泡5分钟即可。

茶材特色

贡菊不仅可以冲泡花草茶，还能做成药膳。以贡菊、大米、莲子、百合等为原料的菊花粥食用后可起到平肝明目强身的效用。

【宜忌人群】

面色不佳、月经失调、痛经者皆可饮用。
咳嗽多痰、感冒发热者不宜饮用。

爱心提醒

由于玫瑰花活血散瘀的功能较强，故月经量较多的女性不宜在经期饮用玫瑰枸杞茶。

◀迷迭香柠檬茶

消除胃胀气，延缓衰老

✿ 养生功效

迷迭香粉　　柠檬（干）　玫瑰花（干）

▶ 养颜除皱，消除疲劳，预防脱发，延缓衰老。

1	3	⑤	8	10
15	18	20	25	30

冲泡时间：
5 分钟左右

● 制作方法

材料：迷迭香粉 1 茶匙，柠檬片 1 片，玫瑰花 4 朵。

冲泡方法：将所有材料放入杯中，冲入沸水，闷泡 5 分钟即可。

●茶材特色●

迷迭香具有提神醒脑、收敛调脂的功效，常用于消除胃气胀、增强记忆力、减轻头痛症状、促进血液循环等。

【宜忌人群】

面部有皱纹、容易疲倦、脱发及胃胀气者皆可饮用。孕妇不宜饮用。

爱心提醒

▶ 需要进行大量记忆性工作的人不妨选择多饮迷迭香茶。

◄桃花枸杞茶　祛斑美颜

❀ 养生功效

 +

桃花（干）　枸杞（干）

1	3	⑤	8	10
15	18	20	25	30

冲泡时间：
5分钟左右

▶ 祛除色斑，改善面色灰暗，防治皱纹。

◀ 制作方法

材料：桃花 1~3 克，枸杞 4~6 粒。

冲泡方法：在杯中放入桃花、枸杞，冲入沸水，闷泡 5 分钟即可。

·茶材特色·

桃花具有美容作用，是因为它富含多种维生素及豆精、山柰酚等物质。这些物质能够扩张血管，改善血液循环，防治黑色素在体内沉积。

【宜忌人群】

面色晦暗、有皱纹色斑者适合饮用。
孕妇不宜饮用。

爱心提醒

▶ 食用桃花猪蹄美颜粥可以滋润皮肤，美白祛斑，补益身体。

减压塑身

随着社会生活节奏的不断加快，越来越多的成年人开始将自己的大部分时间投入到繁忙的工作中去。于是，不断加大的压力与整日枯坐电脑面前便成为众多职场人士的常态。而对于职场久坐族而言，令人心烦的不仅是工作压力，还有不断走样的身体。如何才能实现既能减轻压力又可以轻松瘦身的目标呢？此时，大家不妨选择喝上一杯花草茶。经常饮用大麦山楂茶、龙井枸杞山楂茶、陈皮薰衣草茶等可以有效地舒缓神经，健脑益智，轻盈身姿。

◀龙井枸杞山楂茶　舒缓神经

✿ 养生功效

龙井　　山楂（干）　枸杞（干）

| 1 | 3 | 5 | 8 | ⑩ |
| 15 | 18 | 20 | 25 | 30 |

冲泡时间：
10分钟左右

▶ 补肾填精，舒缓精神，健脑益智。

● 制作方法

材料：龙井茶3克，山楂10克，枸杞15克。

冲泡方法：在锅中放入全部茶材，加适量清水，煎煮10分钟，去渣取汁。

● 茶材特色

龙井茶产于我国浙江杭州西湖一带，主要有西湖龙井、越州龙井、钱塘龙井三种。其中用趵突泉水冲泡的西湖龙井是古人饮茶的至高享受。

【宜忌人群】

脑力劳动者及记忆力减退、头昏脑胀者适合饮用。孕妇不宜饮用。

爱心提醒

▶ 冲泡龙井茶的水温应控制在75℃~85℃之间。

● 答疑解惑

Q：白领女性在日常生活中减压塑身需要注意哪些细节？

A：主要包括以下四个方面：第一，坚持每天大量饮用常温的水，以帮助加速新陈代谢；第二，在办公室或家中放一个让自己心生喜悦的小物件；第三，减少夜间熬夜狂欢的次数；第四，释放强忍的泪水，宣泄心中的压力。

◀陈皮薰衣草茶

❀ 养生功效

陈皮（干）　薰衣草（干）

▶ 燥湿化痰，理气健脾，舒缓神经，减轻紧张情绪。

制作方法

材料：陈皮1克，薰衣草1茶匙。

冲泡方法：在杯中放入陈皮、薰衣草及适量沸水，闷泡5分钟即可。

茶材特色

陈皮不仅可用于冲泡花草茶，还能做成药膳。常见的陈皮药膳包括陈皮粥、陈皮瘦肉羹及鸡橘粉粥。

【宜忌人群】

情绪容易紧张及失眠者适合饮用。
孕妇不宜饮用。

爱心提醒

▶ 陈皮与山楂、甘草、丹参配伍冲制而成的降脂茶可以起到降低胆固醇及脂肪的效用。

| 1 | 3 | ⑤ | 8 | 10 |
| 15 | 18 | 20 | 25 | 30 |

冲泡时间：
5分钟左右

◀玫瑰茉莉荷叶茶

减肥、瘦身

❀ 养生功效

 + +

玫瑰花（干）　茉莉花（干）　荷叶（干）

▶ 养血平肝，镇定安神，减肥瘦身。

```
1  3  5  8 ⑩
+--+--+--+--+--+
15 18 20 25 30
+--+--+--+--+--+
冲泡时间：
10 分钟左右
```

◀ 制作方法

材料： 玫瑰花、茉莉花各 4 朵，干荷叶半张。

冲泡方法： 将所有茶材放入杯中，加沸水，闷泡 10 分钟左右即可。

·茶材特色·

荷叶除了单泡之外，还可以同洛神花、蜂蜜等配伍冲泡。经常饮用洛神花荷叶茶可以去除油腻，消除胀气。

【宜忌人群】

产后发胖的女性及肥胖人士适合饮用。
孕妇不宜饮用。

爱心提醒

荷叶减肥茶尤其适合水肿型及便秘型肥胖的女性饮用。

◀大麦山楂茶　　轻盈身姿

❀ 养生功效

 + + +

大麦（生）　山楂（干）　决明子（生）　陈皮（干）

| 1 | 3 | 5 | 8 | ⑩ |
| 15 | 18 | 20 | 25 | 30 |

冲泡时间：
10分钟左右

▶ 健脾消暑，利水通便，清肝明目，轻身减肥。

制作方法

材料：大麦15克，决明子、山楂片各10克，陈皮5克。

冲泡方法：在壶中放入所有材料及适量沸水，闷泡10分钟以上即可。

茶材特色

大麦还是消暑去火的好食物。在炎炎夏日里，时常喝上一杯大麦茶或是一碗大麦粥可以有效地健脾利尿，消暑助消化。

【宜忌人群】

便秘及肥胖人士适合饮用。
脾胃虚寒者不宜饮用。

爱心提醒

　　大麦还是一种健康的粗粮食品，适合体质虚弱的老年人食用。

◀助眠茶

安抚紧张情绪，助睡眠

❀ 养生功效

 + +

薰衣草（干）洋甘菊（干）　　蜂蜜

▶ 镇静安神，舒缓身心不适，轻松入睡。

制作方法

材料： 薰衣草、洋甘菊各 5 克，蜂蜜适量。

冲泡方法： 在杯中放入薰衣草、洋甘菊，冲入沸水，闷泡 10 分钟，调入蜂蜜即可。

茶材特色

洋甘菊还可同牛奶、燕麦、甘油等搭配制成美肤制品。时常使用洋甘菊牛奶眼膜可以令眼部肌肤放松，恢复神采。

【宜忌人群】

长期失眠及工作、学习压力较大者适合饮用。孕妇不宜饮用。

爱心提醒

▶ 使用洋甘菊燕麦磨砂膏能够去除老化角质，舒缓肌肤。

◀山楂荷叶茶

利水通便，轻松瘦身

山楂（干）　荷叶（干）　决明子（生）

1	3	5	8	⑩
15	18	20	25	30

冲泡时间：10 分钟左右

▶ 调和脾胃，清热去脂，清心安神，预防肝炎。

制作方法

材料： 山楂干、荷叶各 15 克，决明子 10 克。

冲泡方法： 在杯中放入所有材料和适量沸水，闷泡 10 分钟即可。

茶材特色

挑选山楂片时可以从片形、色泽、酸味、干湿、果核等方面入手。优质的山楂片皮色红艳，肉色嫩黄，形状大而薄。

【宜忌人群】

胃酸过多、消化性溃疡及龋齿者适合饮用。孕妇及处于经期的女性不宜饮用。

爱心提醒

▶ 生山楂还有消除体内脂肪、减少脂肪吸收的功效。

◀ 金银瘦身茶　　去脂美体

❀ 养生功效

 + + 　

金银花（干）　山楂（干）　菊花（干）

冲泡时间：
5分钟左右

▶ 降血脂，促进脂肪分解，瘦身美体。

制作方法

材料：金银花5克，山楂干3片，菊花2朵。

冲泡方法：将所有材料放入杯中，加沸水，闷泡5分钟即可。

茶材特色

金银花又名忍冬花，中医认为，它性寒味甘，归入心经、胃经、肺经及大肠经，具有清热解毒、疏风散热的功效。

【宜忌人群】

燥热体质及消化不良或过食肉类导致的肥胖者适合饮用。孕妇不宜饮用。

爱心提醒

金银花露是儿童在夏季去痱消脓疮的佳品。

◀乌龙迎秋茶

调养气血，瘦身抗肿瘤

❀ 养生功效

 +

乌龙茶　　桂花（干）

| 1 | 3 | ⑤ | 8 | 10 |
| 15 | 18 | 20 | 25 | 30 |

冲泡时间：
5分钟左右

▶ 瘦身抗肿瘤，活血祛瘀，散寒养胃，延缓衰老。

● 制作方法

材料：乌龙茶、桂花各3~5克。

冲泡方法：将乌龙茶冲泡成茶汤，去渣取汁，在乌龙茶汤中加入桂花，闷泡5分钟即可。

● 茶材特色

安溪铁观音是中国十大名茶之一，属于乌龙茶类。优质的铁观音茶条卷曲，壮洁沉重，色泽鲜润，叶表带白霜，汤色金黄。

【宜忌人群】

肠胃不适、口臭及咽喉干痛者适合饮用。处于经期的女性不宜饮用。

爱心提醒

▶ 取少量铁观音放入茶壶中，如果可以听到清脆的当当声，则表明茶品是优质的铁观音。

◀菩提甘菊茶

安定神经，减缓压力

❖ 养生功效

 +

菩提叶（干） 洋甘菊（干）

▶ 促进新陈代谢，助消化，减压安神补脑。

1	3	⑤	8	10
15	18	20	25	30

冲泡时间：
5分钟左右

● 制作方法

材料：菩提叶、洋甘菊各2克。

冲泡方法：在杯中放入菩提叶、洋甘菊，加沸水，闷泡5分钟即可。

● 茶材特色

洋甘菊不仅可以缓解焦躁情绪，还能够调节女性经期的不适症状。处于经期的女性可通过饮用洋甘菊茶来规律经期，减轻经痛。

【宜忌人群】

平时压力较大及长期失眠的人士适合饮用。孕妇不宜饮用。

爱心提醒

▶ 洋甘菊不仅可以饮用，还能用做洗发剂及敏感肤质人士的面膜。

◀ 党参红糖茶　　补中益气，生津降压

✿ 养生功效

党参（炙）　＋　桂圆（干）　＋　红枣（干）　＋　红糖

| 1 | 3 | ⑤ | 8 | 10 |
| 15 | 18 | 20 | 25 | 30 |

冲泡时间：
5分钟左右

▶ 降压，改善微循环，扩张血管，增强免疫力。

制作方法

材料： 党参（炙）10~25 克，桂圆肉少许，红枣 1~1.5 克，红糖适量。

冲泡方法： 将茶材充分混合后放入杯中，加沸水，闷泡 5 分钟，温饮。

·茶材特色·

党参不仅是冲泡花草茶的原料，还可做成药膳。常见的党参药膳包括丹桂党参蜜枣火腿鸡汤、淮山党参瘦肉粥等。

【宜忌人群】

营养不良、面色苍白及贫血患者适合饮用。
肝火盛及邪盛而正不虚的人士不宜饮用。

爱心提醒

▶ 身体虚弱、血气不旺的女性可以选择用党参熬汤来进行滋补。

◀桂花玫瑰茶　　舒缓紧张情绪

❀ 养生功效

 + +

桂花（干）　玫瑰花（干）　冰糖

▶ 理气解郁，舒缓神经，润脾醒胃，活血散瘀。

1 ❸ 5 8 10
15 18 20 25 30

冲泡时间：3分钟左右

制作方法

材料：桂花5克，玫瑰花5朵，冰糖适量。

冲泡方法：将所有茶材放入杯中，冲入沸水，闷泡3分钟即可。

茶材特色

玫瑰花不仅可用于冲泡花草茶，还能做成玫瑰香皂、玫瑰糖、玫瑰酱、玫瑰药膳等。将玫瑰花瓣放入洗澡水中可以护肤养颜。

【宜忌人群】

神经紧张、工作压力大的人士及经前情绪烦躁的女性适合饮用。
孕妇及便秘者不宜饮用。

爱心提醒

食用玫瑰鹌鹑片可以起到滋补气血、理气活血、润肤美容的效用。

降血压降血脂

人称"三高"的高血压、糖尿病、高脂血症已经逐渐成为困扰人们的主要病症。最初，患病人群集中在中老年人身上。而近些年来，"三高"人群中出现了越来越多年轻人的身影。如何才能在日常生活中有效地降低血压和血脂呢？合理饮食，吃好一天三顿饭非常重要。此外，饮用花草茶也是不错的辅助方法。常见的降血压降血脂的花草包括苦丁、玉蝴蝶、荷叶、三七花、灵芝等。

◀甜菊普洱茶　　降脂降压

❋ 养生功效

 + +

甜菊叶（干）　柠檬（鲜）　　普洱茶

▶ 暖胃降脂，预防动脉硬化，降低血压。

◖制作方法

材料：甜菊叶、新鲜柠檬片各1片，普洱茶5克。
冲泡方法：在杯中放入甜菊叶、普洱茶及适量沸水，闷泡3分钟，加入柠檬片即可。

·茶材特色·

普洱既可以单泡，又能同蜂蜜、陈皮、哈密瓜及干花配伍冲泡。其中陈皮普洱茶能够有效地止咳化痰顺气。

【宜忌人群】

高血压、高血脂及糖尿病患者适合饮用。
体质虚寒者不宜多饮。

爱心提醒

▶ 甜菊叶不宜一次性放入过多，最好在口味适应后逐渐增加。

·答疑解惑·

Q：常见的降血脂降血压食物有哪些？
A：常见的降血脂食物包括玉米、燕麦、牛奶、洋葱、大蒜、杏仁、菊花、鸡蛋、大豆、苹果、山楂等。常见的降血压食物包括荸荠、海蜇头、绿豆、黑木耳、芹菜、葫芦、蚕豆花、莲子心等。

```
1 3 5 8 10
├┼┼┼┤
15 18 20 25 30
├┼┼┼┤
```
冲泡时间：
3分钟左右

◀ 金盏苦丁茶　　美体消脂

❀ 养生功效

 +

金盏花（干）　　苦丁

冲泡时间：
5分钟左右

1 3 5 8 10
15 18 20 25 30

▶ 减脂降压，保护心脑血管。

● 制作方法

材料：金盏花4朵，苦丁5克。

冲泡方法：在杯中放入金盏花、苦丁，冲入沸水，闷泡5分钟即可。

● 茶材特色

苦丁茶有单泡与混合冲泡两种。单泡时，它更多地保持了原汁原味，清甜爽口；而与龙井、花茶配伍时则多了几分茶香与花香。

【宜忌人群】

心脑血管疾病患者及腹胀积食者适合饮用。

处于经期的女性及体质虚弱、脾胃虚寒者不宜饮用。

爱心提醒

▶ 苦丁茶有量少、味浓、耐冲泡的特点。

◀苦丁茶　降压除烦，散风热

苦丁　＋　绿茶

▶ 疏风散热，清利头目，降脂防癌。

| 1 | 3 | 5 | 8 | 10 |
| 15 | 18 | 20 | 25 | 30 |

冲泡时间：
3 分钟左右

●制作方法

材料：苦丁、绿茶各 4 克。

冲泡方法：将苦丁和绿茶放入杯中，冲入沸水，闷泡 3 分钟即可。

●茶材特色●

中医认为，苦丁性寒味苦，无毒，归入心经与肝经，具有清热解毒的功效，常用于痈肿、疥癣、蛇咬伤等症。

【宜忌人群】

咽喉炎、牙龈出血、急性胃炎、便秘、皮肤病患者均可饮用。
脾胃虚寒、风寒感冒者、孕妇及处于经期的女性不宜饮用。

爱心提醒

▶ 苦丁茶有"茶中味精"的美誉，常用于调味。

◀ 玉蝴蝶茶

降压减肥，提高免疫力

✿ 养生功效

 +

玉蝴蝶（干）　　冰糖

```
 1  3  5  8 ⑩
 +--+--+--+--⟡
15 18 20 25 30
 +--+--+--+--+
冲泡时间：
10 分钟左右
```

▶ 清肺热，舒肝郁，促进新陈代谢，降压减肥。

● 制作方法

材料： 玉蝴蝶 5 克，冰糖适量。

冲泡方法： 在杯中放入玉蝴蝶及适量沸水，闷泡 10 分钟，调入冰糖即可。

● 茶材特色 ●

玉蝴蝶又名白玉纸，中医认为，它性微寒，味苦，归入胃经、肝经与肾经，具有疏肝润肺、和胃生肌的功效。

【宜忌人群】

急慢性气管炎、扁桃体炎、咽喉肿痛及咳嗽患者均可饮用。处于经期的女性及孕妇不宜饮用。

爱心提醒

▶ 玉蝴蝶陈皮茶能够起到治疗肝气犯胃导致的胃痛等病症的作用。

◀荷叶茶

健脾升阳，调节血压

❀ 养生功效

 + +

荷叶（干）　山楂（干）　红枣（干）

▶ 消暑利湿，散瘀止痛，调节血压。

1 3 5 8 10
⑮18 20 25 30

冲泡时间：
15 分钟左右

◖制作方法

材料： 荷叶（干品）半张，山楂 3 克，红枣 2~3 颗。

冲泡方法： 在锅中放入洗净切碎的荷叶、山楂、红枣及适量清水，煮 15 分钟，去渣取汁。

•茶材特色•

荷叶不仅是减肥茶饮的重要原料，还是消除痱子的良药。将荷叶加清水煮半小时，冷却后用于洗澡，可以起到润肤美容防痱的效用。

【宜忌人群】

"三高"人士、单纯性肥胖及便秘者适合饮用。
孕妇不宜饮用。

爱心提醒

▶ 肥胖症患者应经常饮用一些荷叶粥。

◀三宝茶　清热散风，调压调脂

✿ 养生功效

 ＋ ＋

罗汉果（生）　　普洱茶　　菊花（干）

▶ 润肠通便，清热润肺，止咳化痰，消食除腻。

1	3	⑤	8	10
15	18	20	25	30

冲泡时间：
5 分钟左右

● 制作方法

材料：罗汉果 1/10 颗，普洱茶 3 克，菊花 2 朵。

冲泡方法：在杯中放入所有茶材及沸水，闷泡 5 分钟，去渣取汁，温饮。

·茶材特色·

优质的罗汉果成熟度高，形状完整，不裂不破，绒毛多，呈棕褐色，冲泡后汤色是明亮的红褐色，口感甘甜。

【宜忌人群】

高血压、高脂血症患者及积食便秘者适合饮用。脾胃虚寒者不宜饮用。

爱心提醒

▶ 经常熬夜加班者宜多饮罗汉果凉茶。

◀ **三七花茶**　降低血压、血脂

✿ **养生功效**

 +

三七花（干）　冰糖

| 1 | 3 | ⑤ | 8 | 10 |
| 15 | 18 | 20 | 25 | 30 |

冲泡时间：5分钟左右

▶ 降低血压、血脂，镇静安神，瘦身减肥。

制作方法

材料：三七花 3~5 克，冰糖适量。

冲泡方法：在杯中放入三七花，冲入沸水，闷泡 5 分钟，调入冰糖即可。

•**茶材特色**•

三七花又名田七花、金不换花、血参花，主要产于云南文山。中医认为，它性味甘凉，具有镇静安神、清热解毒、平肝明目的功效。

【**宜忌人群**】

头晕目眩、耳鸣、偏头痛、高血压患者皆可饮用。
身体虚寒者、孕妇及处于经期的女性不宜饮用。

爱心提醒

▶ 女性在产后饮用三七花茶可以实现滋补气血的目标。

◀牡丹花玫瑰茶

养血去瘀，降血压

❈ 养生功效

 +

牡丹花（干）粉玫瑰（干）

▶ 散郁祛瘀、养血和肝，镇痛、降血压。

1	3	5	8	10
15	18	20	25	30

冲泡时间：5 分钟左右

◖制作方法

材料： 牡丹花 1~2 朵，粉玫瑰 5 克。

冲泡方法： 在杯中放入牡丹花、玫瑰花及适量沸水，闷泡 5 分钟即可。

◦茶材特色◦

与其他花茶的制作略有不同，牡丹花茶是由红牡丹、白牡丹与黑牡丹三种花瓣窨制而成的，既适合单泡，又可与绿茶配伍。

【宜忌人群】

处于经期的女性适合饮用。
孕妇不宜饮用。

爱心提醒

▶ 冲泡此茶时还可以加入冰糖、蜂蜜或是红糖。此茶非常适合女性在月经期饮用。

◀甜菊叶灵芝茶

生津止渴，防癌降血压

✿ 养生功效

 +

甜菊叶（干）　灵芝（生）

1	3	5	8	10
⑮	18	20	25	30

冲泡时间：
15 分钟左右

▶ 降低血压和血糖，增强人体免疫力。

制作方法

材料：甜菊叶 3~5 克，灵芝 8~10 克。

冲泡方法：将甜菊叶、灵芝放入杯中，冲入沸水，闷泡 15 分钟后即可。

茶材特色

鉴别野生灵芝的优劣可以从色泽、味道、气味等方面入手。优质的野生灵芝表面比较光滑，色泽较深，香味较淡。

【宜忌人群】

失眠头痛、心烦意乱、糖尿病、高血压患者适合饮用。
脾虚便溏者不宜饮用。

爱心提醒

▶ 冲制以灵芝为原料的花草茶时间不宜过短，以免灵芝的有效成分不能充分释放。

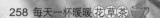

◀山楂决明子茶

✿ 养生功效

 +

山楂（干）　决明子（生）

冲泡时间：
5分钟左右

▶ 降压润肠，抑菌调血脂，加强肠胃蠕动。

● 制作方法

材料：山楂3克，决明子2克。

冲泡方法：在杯中放入山楂、决明子及适量沸水，闷泡5分钟，温饮。

● 茶材特色

山楂不仅可以做成味美可口的冰糖葫芦，冲泡花草茶，还能做成营养丰富的药膳。经常食用山楂粥可以健胃消食，散瘀血。

【宜忌人群】

饮食积滞、胸腹痞满、高血压、高血脂患者适合饮用。
脾虚便溏者及孕妇不宜饮用。

♥ 爱心提醒

山楂、木耳和粳米配伍煮粥可以有效地治疗高脂血症、动脉硬化症。

◀陈皮乌龙茶　去油腻，调血脂

✿ 养生功效

陈皮（干）　　乌龙茶

1	3	5	8	10
15	18	20	25	30

冲泡时间：
3 分钟左右

▶ 去油腻，调血脂，提升皮肤角质层保水能力。

制作方法

材料： 陈皮 2 克，乌龙茶 3 克。

冲泡方法： 在杯中放入陈皮、乌龙茶，加沸水，闷泡 3 分钟，温饮。

茶材特色

乌龙茶又称青茶，属于半发酵茶。常见的乌龙茶名品包括武夷岩茶、铁观音、水金龟、白鸡冠等。

【宜忌人群】

职场久坐族及肥胖人士适合饮用。

气虚体燥、阴虚燥咳、吐血及内有实热者不宜多饮。

爱心提醒

▶ 福建闽南、闽北两地的乌龙茶外形不同，前者为卷曲状，后者为直条状。

◀三七槐菊饮

去瘀消肿，稳定血压

❀ 养生功效

 + +

槐花（干）　三七花（干）　菊花（干）

1 3 **5** 8 10
15 18 20 25 30

冲泡时间：
5 分钟左右

▶ 活血止血，清凉降压，祛瘀消肿。

制作方法

材料：三七花、槐花、菊花各 3 克。

冲泡方法：在杯中放入所有材料及适量沸水，闷泡 5 分钟即可。

茶材特色

中医认为，槐花性微寒，味苦，归入肝经和大肠经，具有凉血止血、清肝泻火的功效，临床上常用于治疗目赤肿痛、肠风便血等症。

【宜忌人群】

工作压力较大的上班族及高血压患者适合饮用。
孕妇、处于经期的女性、风寒感冒及体质虚寒的人士不宜饮用。

爱心提醒

▶ 槐花不仅是治疗便秘的好帮手，还可以同菊花、嫩桑叶配伍冲制清肝明目的茶饮。

◀木瓜柳橙降脂茶

和胃化湿，排毒降脂

❈ 养生功效

木瓜（鲜）　＋　橙子（鲜）　＋　玫瑰花（干）

▶ 清心润肺，助消化抗肿瘤，降低血脂。

```
1  3 ⑤ 8 10
|-|-|-|-|-|-|
15 18 20 25 30
|-|-|-|-|-|-|
```

冲泡时间：
5 分钟左右

● 制作方法

材料： 鲜木瓜 10 克，橙子半个，玫瑰花（干品）8 朵。

冲泡方法： 将玫瑰花冲泡成花茶（3 分钟左右），取汁；橙子榨汁（2 分钟左右）；将两次汁液盛出，加入木瓜块，拌匀即可。

• 茶材特色 •

木瓜有"百益果王"的美誉。中医认为，它性平微寒，味甘，归入肝经与脾经，具有消暑解渴、润肺止咳的功效。

【宜忌人群】

高血脂、面部晦暗者及换牙的儿童适合饮用。糖尿病患者不宜饮用。

爱心提醒

▶ 橙子不宜一次性食用过多，否则容易出现发虚热、伤肝气的情形。

预防心脑血管疾病

　　"三高"是心脑血管疾病出现的罪魁祸首。随着"三高"的普遍出现，心脑血管疾病也逐渐出现在人们的视野中。据现代医学研究发现，心脑血管疾病是 50 岁以上的成年人的常见病之一。若要有效地预防心脑血管病，则需要合理安排膳食，科学生活，尽量减少服用干扰脂代谢的药物。除了上述方法，适当饮用花草茶也不失为一种简便易行的辅助方法。麦冬、丹参、山楂等花草可以有效地补益气血，缓解心痛，清心化痰。

◀ 麦冬茶　　缓解心痛，补益气血

✿ 养生功效

 ＋

麦冬（生）　　绿茶

▶ 疏肝养阴，清热消渴，补益气血。

● 制作方法

材料：麦冬 5~8 片，绿茶适量。

冲泡方法：在杯中放入麦冬、绿茶及适量沸水，闷泡 10 分钟即可。

茶材特色

麦冬主要产于我国江苏、浙江、四川等地。传统医学认为，去心麦冬益胃生津、养阴润肺的效果较好。

【宜忌人群】

胃热阴虚型胃炎适合饮用。
脾胃虚寒泄泻、风寒咳嗽者不宜饮用。

爱心提醒

▶ 麦冬除去单泡外，还可以同玉米须、桑叶、绿茶搭配冲泡。

答疑解惑

Q：预防心脑血管疾病在饮食上需要注意哪些细节？

A：第一，多素少荤；第二，烹调首选植物油；第三，多吃新鲜果蔬；第四，以大豆蛋白代替部分动物蛋白；第五，多吃含碘食物；第六，常吃适量鱼类；第七，多吃富含叶酸的食物。

1 3 5 8 ⑩
15 18 20 25 30

冲泡时间：
10 分钟左右

◀山楂红花茶

活血化瘀，疏通血管

❈ 养生功效

 +

山楂（干）　　红花（干）

| 1 | 3 | 5 | 8 | ⑩ |
| 15 | 18 | 20 | 25 | 30 |

冲泡时间：
10 分钟左右

▶ 降低血脂，稳定血压，活血化瘀。

● 制作方法

材料：山楂、红花各 5 克。

冲泡方法：在杯中放入山楂和红花，冲入沸水，闷泡 10 分钟即可。

● 茶材特色 ●

由于炮制方法的差异，中药山楂有生山楂和炒山楂之别。它不仅可以用来生吃、冲泡花草茶，还可以做成山楂肉桂汤等药膳。

【宜忌人群】

心脏病患者及中风瘫痪的人士适合饮用。月经量过多的女性及孕妇不宜饮用。

爱心提醒

▶ 经常食用山楂肉桂汤能够有效地缓解面色苍白、血寒性月经后延等症。

◀红花三七茶

痛经活血，缓解头晕不适

❀ 养生功效

 +

红花（干）　三七花（干）

1	3	⑤	8	10
15	18	20	25	30

冲泡时间：
5分钟左右

▶ 活血通经，降低血压血脂，改善身体不适症状。

◦ 制作方法

材料：红花5克，三七花1克。

冲泡方法：在杯中放入红花与三七花，加沸水，闷泡5分钟即可。

◦茶材特色◦

三七花具有食疗、药用等多重价值。选购三七花时通常要从花的颜色、纯度、干度、是否带柄及确定是几年花诸多方面入手。

【宜忌人群】

伴有头晕目眩、耳鸣失眠症状的心脏病及高血压患者适合饮用。

月经量较多的女性及孕妇不宜饮用。

爱心提醒

市场上最为常见的三七花是三年花和二年花，其中前者比后者花朵略大。

◀三花茶　*行气活血化瘀*

❖ 养生功效

薰衣草（干）　洋甘菊（干）菩提花（干）　　冰糖

▶ 松弛神经，调脂塑身，减压安神，美肤养颜。

1	3	⑤	8	10
15	18	20	25	30

冲泡时间：
5分钟左右

制作方法

材料：薰衣草、洋甘菊各2克，菩提花3克，冰糖适量。

冲泡方法：将所有茶材放入杯中，冲入沸水，闷泡5分钟，调入冰糖，温饮。

茶材特色

菩提花又名帝王花、龙眼花，原产南非。它不仅具有清新柔和的香气，还能够舒缓心绪，镇定精神，起到提神醒脑的效用。

【宜忌人群】

头昏心烦、头痛、大便干结者适合饮用。
孕妇不宜饮用。

爱心提醒

▶ 经常饮用菩提花茶可以有效地消解血管中堆积的脂肪，实现轻身减肥的目标。

◀丹参茶

活血化瘀，清心化痰

✿ 养生功效

 +

丹参（生）　　绿茶

▶ 养血安神，清心除烦，防治心脑血管疾病。

● 制作方法

材料：丹参2克，绿茶3克。

冲泡方法：在杯中放入丹参、绿茶及适量沸水，闷泡5分钟即可。

● 茶材特色

丹参不仅是滋补品，还是不错的美容食物。优质的丹参根茎粗短，表面粗糙，呈棕红色或暗红色，有纵皱纹，质地硬而脆。

【宜忌人群】

心脑血管疾病患者适合饮用。

孕妇、无瘀血者不宜多饮。

```
1  3  ⑤  8  10
├─┼─┼─┼─┤
15 18 20 25 30
├─┼─┼─┼─┤
```
冲泡时间：
5分钟左右

爱心提醒

▶ 丹参同桃仁、红花、赤芍、香附等配伍冲泡能够缓和血瘀气滞，心脉瘀阻。

◀助眠安睡茶

宁神补肝，缓解心悸多梦

❀ 养生功效

 +

酸枣仁（干）　桂圆（干）

▶ 宁神安眠，缓解神经衰弱。

冲泡时间：
8分钟左右

| 1 | 3 | 5 | 8 | 10 |
| 15 | 18 | 20 | 25 | 30 |

制作方法

材料：酸枣仁2克，桂圆肉3克。

冲泡方法：在杯中放入酸枣仁和桂圆肉，冲入沸水，闷泡8分钟即可。

茶材特色

中医认为，酸枣仁性平味甘，归入心经、脾经与肝经，具有宁心安神、养肝敛汗的功效，常用于惊悸怔忡、虚烦不眠等症。

【宜忌人群】

神经衰弱及睡眠不佳的人士适合饮用。
实邪郁火及滑泄症患者不宜饮用。

爱心提醒

▶ 食用酸枣仁粥可以治疗心阴不足、心悸失眠等症。

◀补益麦冬茶

补益气血，缓解心绞痛

✿ 养生功效

 +

生地黄　　　麦冬（生）

| 1 3 5 ⑧ 10 |
| 15 18 20 25 30 |

冲泡时间：
8分钟左右

▶ 清心利尿，补气养血，缓解胸闷及心绞痛。

● 制作方法

材料：生地黄2克，麦冬3克。

冲泡方法：将生地黄、麦冬及适量沸水放入杯中，闷泡8分钟即可。

● 茶材特色

一般认为，连心麦冬清心除烦的效果较好。在市场选购麦冬时，一般以质地柔软、气味香甜、表面呈淡黄白色、形状肥大者为佳。

【宜忌人群】

心烦失眠、肠燥便秘、肺燥干咳及胸闷者适合饮用。
外感风寒咳嗽、脾胃虚寒、腹泻者不宜饮用。

爱心提醒

▶ 麦冬、生地黄与玄参配伍煎服可以起到润肠通便的效用。

◀红花檀香茶

调理脾胃，预防脑中风

❀ 养生功效

 +

红花（干）　　白檀香

| 1 | 3 | 5 | 8 | ⑩ |
| 15 | 18 | 20 | 25 | 30 |

冲泡时间：
10 分钟左右

▶ 理气止痛，调脾胃，预防心血管疾病。

制作方法

材料：红花 6 克，檀香 2 克。

冲泡方法：在杯中放入红花、檀香及适量沸水，闷泡 10 分钟即可。

茶材特色

檀香，又名白檀、白檀木，中医认为，它性温味辛，具有理气和胃、消肿止血的功效，常用于脘腹疼痛、呕吐等症。

【宜忌人群】

冠心病、心绞痛患者适合饮用。
孕妇不宜饮用。

爱心提醒

▶ 由于红花有通经的作用，故以红花为原料的花草茶不宜为孕妇饮用。

◀ 枸杞龙井茶

健脑益智，减缓头昏脑涨

❀ 养生功效

 + +

枸杞（干）　山楂（干）　　龙井

1 3 ⑤ 8 10

15 18 20 25 30

冲泡时间：
5 分钟左右

▶ 健脑益智，缓解记忆力衰退。

● 制作方法

材料：枸杞、山楂各 2 克，龙井 3 克。

冲泡方法：在杯中放入所有茶材，冲入沸水，闷泡 5 分钟，去渣取汁，温饮。

• 茶材特色

龙井不仅可以冲制成龙井茶，还可以做成茶膳。常见的龙井茶膳包括龙井虾仁、龙井鲍鱼、龙井香炸黄花鱼等。

【宜忌人群】

脑力劳动者适合饮用。
孕妇不宜饮用。

爱心提醒

▶ 饮用龙井茶还可以起到防龋齿、抑制癌细胞的效用。

◀银杏茶

润肺止咳，治疗心绞痛

❀ 养生功效

 +

银杏叶（干）　　　蜂蜜

▶ 润肺止咳，强心利尿，降血压、提升人体免疫力。

冲泡时间：
10 分钟左右

1 3 5 8 10
15 18 20 25 30

制作方法

材料： 银杏叶（干品）2~3 片，蜂蜜适量。

冲泡方法： 在杯中放入银杏叶，冲入沸水，闷泡 10 分钟，调入蜂蜜即可饮用。

茶材特色

银杏又名白果，中医认为，银杏茶味甘苦，性平，归入肺经和心经，是强心利尿、平喘止痛的良药。

【宜忌人群】

冠心病、心绞痛、脑血栓、高血压及耳疾患者皆可饮用。
孕妇、经期及哺乳期的女性不宜饮用。

爱心提醒

由于银杏有小毒，故在选购时需选择已经制好的银杏叶，且不适合长期饮用。

◀ 首乌菊花茶 补益精血，清热平肝

制首乌　　菊花（干）

▶ 清热解毒，平肝明目，降血压，减少血栓形成。

| 1 | 3 | 5 | 8 | 10 |
| 15 | 18 | 20 | 25 | 30 |

冲泡时间：
15分钟左右

◉ 制作方法

材料：制首乌12克，菊花9克。

冲泡方法：在锅中放入制首乌、菊花，加清水，煮15分钟，去渣取汁。

• 茶材特色

根据炮制方法的不同，首乌可分为生首乌与制首乌。由于生首乌有小毒，不宜直接使用，故冲泡花草茶及入药时多使用制首乌。

【宜忌人群】

冠心病、高血压患者适合饮用。
痰湿较重、胃寒胃痛、慢性腹泻便溏者不宜饮用。

爱心提醒

▶ 制首乌是一味补肾益精、养心宁神的良药。

◀桂圆茶　　补心脾，治疗贫血症

桂圆（干）　　　绿茶　　　冰糖

1	3	⑤	8	10
15	18	20	25	30

冲泡时间：
5分钟左右

▶ 补心脾，益气血，安心神，治疗贫血。

◉ 制作方法

材料： 桂圆肉8克，绿茶6克，冰糖适量。

冲泡方法： 在杯中放入桂圆肉和绿茶，加沸水，闷泡5分钟，调入冰糖即可。

◉ 茶材特色 ◉

桂圆肉不仅可用于冲泡花草茶，还能制作出美味的茶膳。常见的桂圆肉茶膳包括桂圆红枣粥等。

【宜忌人群】

气血两亏的贫血症患者适合饮用。
内有痰火及湿滞停饮者不宜饮用。

爱心提醒

▶ 经常熬夜的人士可以选择食用用沸水浸泡过的桂圆肉来提神。

调理月事

提到每月一次的月事，女孩子们总有很多无可奈何，她们既会亲昵地称它为"老朋友""大姨妈"，也会愁眉苦脸地叫它"倒霉""麻烦"。的确，月事给爱美的她们带来了很多不便。但不可否认的是它对女性有着非常重要的意义。因此，调理月事对于女性而言是需要引起充分注意的一件事情。而要调理月事，饮用时下流行的花草茶不失为一个简便易行的好方法。常见的调理月事的花草包括红花、雪莲花、茉莉花、金盏菊等。

◀红花茶　　活血止痛，防色斑

✿ 养生功效

红花（干）　　绿茶　　红糖

| 1 | 3 | ⑤ | 8 | 10 |
| 15 | 18 | 20 | 25 | 30 |

冲泡时间：
5 分钟左右

▶ 活血止痛，调理瘀血症，防色斑。

●制作方法

材料：红花（干品）5 克，绿茶 7.5 克，红糖适量。
冲泡方法：在杯中放入红花、绿茶、红糖及适量沸水，闷泡 5 分钟即可。

·茶材特色·

红花又名草红花、红蓝花，是一年生菊科植物红花的花。中医认为它性味温辛，无毒，具有活血通经、祛瘀止痛的功效。

爱心提醒

▶ 饮用红花茶时，饮用者可以加入蜂蜜、山楂来调和口味。

【宜忌人群】

通经、闭经、产后瘀血腹痛的女性适合饮用。
孕妇、月经过多的女性、溃疡及出血性疾病患者不宜饮用。

·答疑解惑·

Q：夏季如何调理月事？
A：除去饮用茶饮之外，按摩期门穴也是一个不错的方法。期门穴是人体足厥阴肝经上的主要穴道之一。月经不调很多情况下与经络不通有着直接的关系。而按摩期门穴则可以疏通经络，保证气血畅通无阻。

◀雪莲花茶　　通经活络，暖宫调经

❀ 养生功效

雪莲花（干）　枸杞（干）

1	3	⑤	8	10
15	18	20	25	30

冲泡时间：
5分钟左右

▶ 通经活络，温暖子宫，治疗月经不调。

制作方法

材料：雪莲花2克，枸杞适量。

冲泡方法：在杯中放入雪莲花、枸杞，冲入沸水，闷泡5分钟即可。

茶材特色

中医认为，雪莲花性温，味甘苦，具有调经止血、祛寒壮阳的功效，常用于月经不调、外伤出血等症。

【宜忌人群】

月经不调、阳痿及风湿性关节炎患者适合饮用。孕妇不宜饮用。

爱心提醒

▶ 食用雪莲乌鸡煲可以起到补肾壮阳、调经补血、调理肠胃的功效。

◀人参红枣茶

改善气血不足，经量过少

✿ 养生功效

 +

人参（生）　红枣（干）

▶ 补虚生血，补脾和胃，益气生津。

1 3 5 8 10
⑮ 18 20 25 30

冲泡时间：
15 分钟左右

● 制作方法

材料：人参 3~5 克，大枣 10 颗。

冲泡方法：在保温杯中放入人参片及去核的大枣，加沸水，闷泡 15 分钟即可。

● 茶材特色

野山参的药效较强。优质的山参质地紧密有光泽，且皮较老，呈黄褐色，在毛根上端有深而细密的螺丝状横纹。

【宜忌人群】

大失血及体质虚弱、神疲乏力者适合饮用。
脾胃湿热、舌苔黄腻者不宜饮用。

爱心提醒

▶ 人参红枣茶适合特禀体质者饮用。

◀月季花茶　　调经美颜

✿ **养生功效**

月季花（干）　＋　蜂蜜

冲泡时间：
3 分钟左右

1 3 5 8 10
15 18 20 25 30

▶ 调经活血，消肿解毒，缓解腹痛。

制作方法

材料　月季花（干品）6 朵，红枣适量。

冲泡方法　在杯中放入月季花、红枣及适量沸水，闷泡 3 分钟即可。

茶材特色

月季花又名月月红、长春花，被誉为"花中皇后"，不仅是芬芳艳丽的观赏花卉，还是一味妇科良药。

【宜忌人群】

月经不调、痛经、面色不佳的女性适合饮用。
孕妇不宜饮用。

爱心提醒

▶ 选购月季花时，宜选花形完整、干燥、色彩鲜艳、气味清香者。它与代代花配伍冲泡可治疗气血不足引发的月经病。

◀二红茶 活血化瘀，调经止痛

❀ 养生功效

 + +

红花（干）　　　红茶　　　甜菊叶（干）

冲泡时间：
3分钟左右

▶ 活血化瘀，暖胃消食，加强血液循环。

● 制作方法

材料：红花3克，红茶5克，甜菊叶（干品）2片。

冲泡方法：在杯中放入所有茶材，加沸水，闷泡3分钟即可。

● 茶材特色 ●

古人身有瘀血时，常将红花放入纱包中，煮开后泡脚。如此，血液循环不好、静脉曲张、腿脚麻木等瘀血症即可得以缓解。

【宜忌人群】

血液循环较差的人士适合饮用。
孕妇、处于经期的女性不宜饮用。

爱心提醒

▶ 红花常与桃仁、当归、生地、赤芍等配伍做成桃红四物汤，用于治疗痛经。

◀干姜红糖茶　　缓解痛经

❀ 养生功效

 +

干姜　　　　红糖

1	3	**5**	8	10
15	18	20	25	30

**冲泡时间：
5分钟左右**

▶ 驱寒暖胃，破血逐瘀，缓解痛经。

制作方法

材料： 干姜 20 克，红糖 15 克。

冲泡方法： 在杯中放入干姜、红糖及适量沸水，闷泡 5 分钟即可。

·茶材特色·

干姜是姜科植物姜的干燥根茎，中医认为，它性热味辛，归入脾经、胃经、心经与肺经，常用于脘腹冷痛、寒饮喘咳等症。

【宜忌人群】

晕车者及痛经、出现孕吐的女性适合饮用。体质燥热的人士不宜饮用。

爱心提醒

▶ 干姜质地坚实，表面粗糙，呈灰黄色或淡灰棕色，形状扁平，有纵皱纹。

280 每天一杯暖暖花草茶

◀薰衣草玫瑰茶

活血调经，补血气

❖ 养生功效

 +

薰衣草（干）　玫瑰花（干）

▶ 舒缓神经，清肝养胃，活血调经，缓解紧张情绪。

```
1  3 ⑤ 8 10
├┼┼○┼┼┤
15 18 20 25 30
├┼┼┼┼┼┤
```

冲泡时间：
5 分钟左右

● 制作方法

材料：薰衣草 5 克，玫瑰花 3~4 朵。

冲泡方法：在杯中放入薰衣草、玫瑰花，冲入沸水，闷泡 5 分钟即可。

● 茶材特色

薰衣草有奇香，被誉为"香草之后"，自古以来就广泛应用于医疗方面。无论是茎，还是叶，皆可入药，能够起到健胃、发汗、止痛的效用。

【宜忌人群】

压力较大的都市女性适合饮用。
孕妇不宜饮用。

爱心提醒

▶ 由于薰衣草颗粒较小，故可过滤后再饮用茶品。

◀月季玫瑰红花茶

❀ 养生功效

月季花（干） 玫瑰花（干） 红花

1 3 5 8 ⑩
╬╬╬╬╬╬
15 18 20 25 30
╬╬╬╬╬

冲泡时间：
10分钟左右

▶ 活血通经，清热解毒，降血压，镇痛美容。

● 制作方法

材料：月季花、玫瑰花、红花各3~5克。

冲泡方法：在杯中放入所有茶材及适量沸水，闷泡10分钟即可。

● 茶材特色 ●

中医认为，月季花具有抗菌活血、祛痰养心、润肺养颜的功效，常用于调理月经不调、痛经等症。

【宜忌人群】

痛经的女性非常适合饮用。
孕妇不宜饮用。

爱心提醒

▶ 饮用此茶的同时食用乌鸡煲可以起到调理肠胃、平衡内分泌的效用。

◀ 茉莉荷叶洋甘菊茶

促进血液循环，缓解痛经

✿ 养生功效

 + +

荷叶（干）　茉莉花（干）　洋甘菊（干）

▶ 行气活血，抗菌消炎，提神醒脑、促进血液循环。

1	3	**5**	8	10
15	18	20	25	30

冲泡时间：
5分钟左右

◉ 制作方法

材料：荷叶 2~3 克，茉莉花 3~5 克，洋甘菊 5 克。

冲泡方法：将所有茶材放入杯中，冲入沸水，闷泡 5 分钟即可。

·茶材特色·

由洋甘菊中提炼出来的精油是最温和的精油之一，非常适合儿童使用。在洗澡水中加入两三滴，可以有效地缓解孩子紧张敏感的情绪。

【宜忌人群】

深受痛经、神经痛、肠胃炎困扰的人士适合饮用。孕妇不宜饮用。

爱心提醒

洋甘菊茶的茶汤还可用来滋养头发。

◀红花枸杞茶　养血调经，延缓衰老

❋ 养生功效

 +

红花（干）　枸杞（干）

1	3	5	8	⑩
15	18	20	25	30

冲泡时间：
10 分钟左右

▶ 调经止血，益气安神，滋补肝肾，提升身体免疫力。

制作方法

材料： 红花 1~3 克，枸杞 3~5 克。

冲泡方法： 将所有茶材放入杯中，加沸水，闷泡 10 分钟即可。

·茶材特色·

红花不仅可以冲泡花草茶，还可以做成染料和药膳。常见的红花药膳包括红花炖牛肉、红花山楂酒等。

【宜忌人群】

处于经期及更年期的女性非常适合饮用。
孕妇不宜饮用。

爱心提醒

▶ 食用红花炖羊肚可有效地缓解胃溃疡及胃部疼痛。

◄桃花冬瓜仁茶

淡化色斑，治疗闭经

✿ 养生功效

 +

桃花（干）　冬瓜仁（干）

▶ 活血化瘀，利水润肺，淡化色斑，美白肌肤。

```
1 3 5 8 10
| | | | |
15 18 20 25 30
| | | | |
```
冲泡时间：
3 分钟左右

● 制作方法

材料：桃花 3 克，冬瓜仁 2 克。

冲泡方法：在杯中放入桃花、冬瓜仁及适量沸水，闷泡 3 分钟即可。

•茶材特色•

冬瓜仁又名白瓜子，是葫芦科植物冬瓜的种子。它具有润肺化痰、利水消肿的功效，常用于痰热咳嗽、水肿脚气等症。

【宜忌人群】

面部有斑及闭经的女性适合饮用。

月经量过多的女性及体质虚弱的孕妇不宜饮用。

爱心提醒

▶ 将煮过的冬瓜仁晒干研成细末后，每天吃一茶匙，可以保持皮肤白皙。

预防感冒

感冒是常见的自愈性疾病之一，主要可以分为普通感冒和流行性感冒两大类。其中普通感冒又被称为伤风，是由多种病毒引起的一种疾病。虽说各种感冒常见于初冬时节，但在其他三个季节也会出现。所以称不上大病的感冒却是一年四季都需要预防的疾病之一。而要预防感冒，除了注意规范衣食住行，严防风邪入侵之外，饮用花草茶也是一个不错的辅助方案。常见的预防感冒的花草茶包括蜂蜜柠檬茶、甘草盐茶、防风茶等。

◀ 蜂蜜柠檬茶

清火排毒，预防感冒

❈ 养生功效

 +

蜂蜜　　　柠檬（干）

▶ 美白润肠，排毒防辐射，防感冒。

● 制作方法

材料： 柠檬 1~2 片，蜂蜜适量。
冲泡方法： 在杯中加入柠檬片及沸水，闷泡 15 分钟，调入蜂蜜即可。

● 茶材特色 ●

蜂蜜有"百花之精"的美誉。它不仅是出色的调味品，还可成为药膳中的重要材料。常见的蜂蜜药膳包括蜂蜜核桃肉等。

【宜忌人群】

电脑族、便秘及感冒患者适合饮用。
胃酸过多者及糖尿病患者不宜多饮。

爱心提醒

▶ 冲泡蜂蜜柠檬茶时所用沸水温度不宜过高，以免破坏维生素 C。

● 答疑解惑 ●

Q：患上感冒之后不宜食用哪些食物？
A：第一，不宜食用柿子、海鱼等食物；第二，不宜食用甜腻食物；第三，严禁食用烧烤煎炸食物；第四，不宜食用胡椒粉、咖喱粉、鲜辣粉等刺激性较强的调味品；第五，不宜食用辛辣食物。

| 1 3 5 8 10 |
| ⑮ 18 20 25 30 |

冲泡时间：
15 分钟左右

◀ 维 C 抗衰茶

增强人体抵抗力，预防感冒

❀ 养生功效

维生素C泡腾片　　绿茶

▶ 增强身体抵抗力，防衰老，防感冒。

冲泡时间：
3分钟左右

```
1  3  5  8 10
|--|--|--|--|--|
15 18 20 25 30
|--|--|--|--|--|
```

制作方法

材料：维生素 C 泡腾片 1 片，绿茶 3 克。

冲泡方法：将绿茶冲泡成茶汤，在温热的茶汤中放入维生素 C 泡腾片，3 分钟后即可饮用。

·茶材特色·

绿茶不仅可以用来冲泡，还能够做成绿茶面膜。将绿茶粉和玄米粉按照 1:1 的比例混合，再加入两勺酸牛奶，拌匀后面膜就做好了。

【宜忌人群】

体虚乏力者及感冒患者适合饮用。

神经衰弱者不宜饮用。

爱心提醒

▶ 维生素 C 泡腾片一定要用温水冲服。如果冲服的开水超过 80℃，维生素 C 就会遭到破坏。

◀甘草盐茶　治疗感冒咳嗽

❀ 养生功效

甘草（生）　＋　绿茶　＋　食盐

1　3　⑤　8　10
15　18　20　25　30

冲泡时间：
5 分钟左右

▶ 治疗感冒咳嗽、风火牙痛、火眼。

● 制作方法

材料：甘草 2 克，绿茶 3 克，食盐适量。

冲泡方法：在杯中放入甘草、绿茶，加沸水，闷泡 5 分钟，滤渣取汁，加入盐即可。

● 茶材特色 ●

甘草被《神农本草经》列为药中上品，被称为"美草""蜜甘"。它是药中的"和事佬"，帮助其他药物发挥作用，减少副作用。

【宜忌人群】

风火牙痛、火眼、感冒咳嗽者适合饮用。腹胀、痢疾患者不宜饮用。

爱心提醒

▶ 甘草还可缓和更年期带来的种种问题。

◂板蓝根防感冒茶

清热解毒，预防流行性感冒

❀ 养生功效

板蓝根（生）　＋　冰糖

1	3	5	⑧	10
15	18	20	25	30

冲泡时间：
8分钟左右

▶ 清热解毒，提升自身免疫力和抗病毒能力。

● 制作方法

材料： 板蓝根 2 克，冰糖适量。

冲泡方法： 在杯中放入板蓝根及适量沸水，闷泡 8 分钟，调入冰糖，温饮即可。

·茶材特色·

板蓝根又名大蓝根、大青根，中医认为，它性味苦寒，归入心经与胃经，具有清热解毒、凉血利咽的功效。

【宜忌人群】

流行性感冒患者适合饮用。
虚寒体质者不宜饮用。

爱心提醒

▶ 由于板蓝根性寒伤胃，故不宜长时间服用，否则将会带来胃痛、胃寒、食欲不振等一系列胃肠道反应。

◀防风茶

预防感冒，增强机体抗病能力

❀ 养生功效

 +

防风（生）　　甘草（生）

1	3	5	8	10

15	18	20	25	30

冲泡时间：
8 分钟左右

▶ 解热镇痛，提升人体免疫力，预防感冒。

制作方法

材料：防风、甘草各 2 克。

冲泡方法：在杯中放入防风、甘草，加沸水，闷泡 8 分钟，温饮。

茶材特色

防风是多年生草本植物防风的干燥叶子。中医认为，它性微温，味辛甘，归入肝经与脾经，具有祛风解表的功效。

【宜忌人群】

外感风寒、头痛项强、破伤风患者适合饮用。
血虚痉急或头痛不因风邪者不宜饮用。

爱心提醒

▶ 防风多与天南星、天麻、白附子等一起配伍使用。

◀ 青叶银花茶　抗病毒，预防感冒

❀ 养生功效

 +

大青叶（干）金银花（干）

▶ 抑制病毒感染，预防感冒。

```
1  3  5 ⑧ 10
┼┼┼┼┼┼
15 18 20 25 30
┼┼┼┼┼┼
```
冲泡时间：
8分钟左右

📋 制作方法

材料：大青叶2克，金银花1克。

冲泡方法：在杯中放入大青叶和金银花，冲入沸水，闷泡8分钟，去渣取汁，温饮。

·茶材特色·

作为中药的大青叶品种众多，主要包括路边青叶、蓼蓝叶、菘蓝叶及马蓝叶等。除去冲泡花草茶，大青叶还可做成柴胡青叶粥等药膳。

【宜忌人群】

乙脑、流脑患者适合饮用。
脾胃虚寒者不宜饮用。

爱心提醒

▶ 大青叶与茵陈、板蓝根、龙胆草等配伍可治疗急性黄疸型肝炎。

◀竹叶凉茶　清热解表，治疗风热感冒重症

❀ 养生功效

 +  + +

竹叶（干）　芦根（干）　菊花（干）　薄荷叶（干）

▶ 清热去火，滋阴明目，健脾祛暑。

1 3 5 8 ⑩
15 18 20 25 30

冲泡时间：
10分钟左右

● 制作方法

材料：竹叶、芦根各15克，菊花10克，薄荷5克。

冲泡方法：将所有材料放入杯中，加沸水，闷泡10分钟即可。

·茶材特色·

芦根有鲜芦根和干芦根之别。其中干芦根呈压扁的长圆柱形，质地嫩，无须根，茎条粗壮，呈现黄白色。

【宜忌人群】

风热感冒、发热头痛、急性结膜炎等症的重症患者适合饮用。
风寒感冒者不宜饮用。

爱心提醒

▶ 芦根与薄荷、蝉衣配伍可以起到疏风清热、宣毒透疹的功效。

◀生姜桑叶茶

疏风散热，治疗小儿风热感冒

❀ 养生功效

生姜　　冬桑叶（干）

▶ 疏风散热，治疗小儿风热感冒，咽喉肿痛。

```
1  3  5  8  10
┼┼┼┼┼┼┼┼┼┼
⑮ 18 20 25 30
┼┼┼┼┼┼┼┼┼┼
```

冲泡时间：15 分钟左右

◉ 制作方法

材料： 生姜 3 片，冬桑叶 9 克。

冲泡方法： 在锅中放入所有茶材及适量清水，煎煮 15 分钟左右，去渣取汁。

·茶材特色·

冬桑叶又名霜桑叶、晚桑叶，是晚秋到初冬时节经霜后采收的桑叶。它是一种常见的中药，以叶片肥大、颜色橙黄者为最佳。

【宜忌人群】

小儿风热感冒、咽喉肿痛、发热较高、鼻塞无涕者适合饮用。
外感风寒及内热较重者不宜饮用。

爱心提醒

▶ 冬桑叶常用于风寒感冒、肝经有热导致的迎风流泪等。

◀ 豆子茶

清热健脾，治疗感冒发热

❀ 养生功效

绿豆 ＋ 红豆 ＋ 黑豆

```
5 10 15 20 30
-|-|-|-|-|-
35 40 45 50 60
-|-|-|-|-|-◇
```
冲泡时间：
60 分钟左右

▶ 清热健脾，消暑防痱，治疗感冒发热。

● 制作方法

材料：绿豆、红豆、黑豆各 30 克。

冲泡方法：在锅中放入所有材料和清水，煮至豆子脱皮（1 小时左右）即可。

·茶材特色·

红豆又名饭豆、米豆、赤小豆，中医认为，它性平味甘酸，无毒，具有化湿补脾的功效，适合脾胃虚弱的人食用。

【宜忌人群】

轻微中暑及感冒发热的患者皆可饮用。尿多的人不宜饮用。

爱心提醒

▶ 赤小豆和相思子都有红豆之名，但二者功效不同，不可混用。

防便秘

便秘并非是一种疾病，而是复杂的临床症状。患有便秘的人常会出现排便次数减少、粪便量减少、粪便干结、排便费力等情形。若是症状持续的时间较长，还会形成习惯性便秘。如何才能有效地防止便秘呢？适当饮用一些具有润肠通便效用的花草茶不失为一个好办法。常见的预防便秘的花草包括梅子、麦芽、柏子仁、芝麻、荷叶等。经常饮用大海生地茶、梅子绿茶等可以起到刺激肠道、滋阴润肺，助消化、润肠通便的效用。

◀ 梅子绿茶　刺激肠道，帮助消化

✿ 养生功效

青梅（干）　　绿茶　　　冰糖

▶ 增强食欲，促消化，杀菌消炎。

● 制作方法

材料：青梅1颗，绿茶3克，适量。

冲泡方法：将绿茶泡成茶汤，3分钟后去渣取汁，然后在茶汤中加入青梅和冰糖，温饮。

● 茶材特色 ●

中医认为，青梅性平味甘，归入肝经、脾经、肺经与大肠经，具有收敛生津、止咳下气、清心安神的功效。

【宜忌人群】

加班族、容易疲劳及食欲不佳者适合饮用。处于饥饿或空腹状态者不宜饮用。

爱心提醒

▶ 青梅酸性过大不宜直接食用，以免灼伤胃黏膜。

● 答疑解惑 ●

Q：便秘应当多食用哪种食物？

A：常见的预防便秘食物包括小白菜、卷心菜、甘薯叶、芝麻、菠菜、莜麦、燕麦、花生、黄瓜、冬瓜、丝瓜、大白菜、油菜等。其中菠菜甘凉而滑，具有下气调中、润肠通便的功效，常用于慢性便秘。

冲泡时间：
3分钟左右

◀通便茶　缓解大便不顺，睡眠不佳

❀ 养生功效

 ＋ ＋

柏子仁（炒）　何首乌（生）　当归（生）

1	3	5	8	10
15	18	20	25	㉚

冲泡时间：
30 分钟左右

▶ 润肠通便，调理肠胃，缓解睡眠质量不佳。

◖ 制作方法

材料：柏子仁、何首乌各 10 克，当归 3 克。

冲泡方法：将所有茶材放入锅中，加清水，煮 30 分钟即可。

·茶材特色·

中医认为，柏子仁性平味甘，归入心经、肾经与大肠经，具有润肠通便、养心安神的功效，
常用于肠燥便秘。

【宜忌人群】

便秘者及中老年人适合饮用。
腹泻、腹胀、食欲不振、湿重及火旺阴虚者不
宜饮用。

爱心提醒

▶ 柏子仁与酸枣仁、茯苓、当归等配
伍可以起到治疗心悸失眠的效用。

◀ 麦芽茶

开胃健脾，消食除胀

❀ 养生功效

 +

麦芽（炒）　　山楂（干）

```
1 3 5 ⑧ 10
├┼┼┼┼┤
15 18 20 25 30
├┼┼┼┼┤
```
冲泡时间：
8分钟左右

▶ 开胃健脾，消食除胀，缓解体内排气不畅。

制作方法

材料：炒麦芽3克，山楂3片。

冲泡方法：在杯中放入炒麦芽、山楂及适量沸水，闷泡8分钟即可。

茶材特色

中医认为，炒麦芽性平味甘，归入脾经和胃经，具有健脾开胃、行气消食、退乳消胀的功效，常用于脾虚食少等症。

【宜忌人群】

腹泻、痢疾患者适合饮用。
哺乳期女性不宜饮用。

爱心提醒

炒麦芽与神曲、焦山楂配伍冲泡可以起到治疗腹胀和食欲不振等症。

◀大海生地茶

滋阴生津，缓解大便秘结

❀ 养生功效

 +

胖大海（生）　　生地黄

1	3	5	⑧	10

15	18	20	25	30

冲泡时间：
8 分钟左右

▶ 清肺利咽，滋阴生津，防止大便便结。

● 制作方法

材料：胖大海 1 颗，生地黄 2 克。

冲泡方法：在杯中加入胖大海和生地黄，冲入沸水，闷泡 8 分钟，温饮。

·茶材特色·

中医认为，胖大海性凉，味甘淡，有小毒，归入肺经与大肠经，具有清热润肺、润肠通便、利咽解毒的功效。

【宜忌人群】

肺阴亏虚型慢性喉炎患者适合饮用。
脾虚湿困、大便溏稀者不宜饮用。

爱心提醒

▶ 生地黄作用和干地黄相似，但清热生津、凉血止血效力较强。

◀双花蜜茶

清肝火，养脾胃，防便秘

✿ 养生功效

 + +

山楂（干）　菊花（干）　金银花（干）

► 去火清肝，利咽健胃。

```
1 3 5 8 ⑩
├┼┼┼┼◇
15 18 20 25 30
├┼┼┼┼┤
```
冲泡时间：
10分钟左右

● 制作方法

材料：山楂（干）3片，菊花3朵，金银花少许。

冲泡方法：在杯中放入所有茶材及适量沸水，闷泡10分钟即可。

● 茶材特色

金银花味甘、性寒，具有清热解毒、疏利咽喉的作用。遇上帮助消化的山楂，功效助长，消化系统受益。

【宜忌人群】

腹胀、便秘、消化不良及水肿胀满者适合饮用。
脾胃虚寒者不宜饮用。

爱心提醒

山楂有健胃健脾的功效，可有效预防便秘的发生。

◀ 茉莉迷迭茶　润肠通便，利尿消肿

✿ 养生功效

茉莉花（干）　迷迭香（干）洋甘菊（干）　　绿茶

冲泡时间：20 分钟左右

1　3　5　8　10
15　18　20　25　30

▶ 润肠通便，助水肿型肥胖者及容易胀气者调节体质。

● 制作方法

材料： 茉莉花 14 克，迷迭香、洋甘菊各 10 克，绿茶 5 克。

冲泡方法： 在杯中放入所有茶材及适量沸水，闷泡 20 分钟即可。

● 茶材特色 ●

中医认为，洋甘菊味微苦、甘香，具有清肝明目、提神降压的功效。临床上，它常用于治疗失眠、高血压等症。

【宜忌人群】

水肿型肥胖者、容易胀气及便秘者适合饮用。孕妇不宜饮用。

爱心提醒

▶ 洋甘菊适合与玫瑰花、迷迭香、金盏花、紫罗兰等搭配冲泡花草茶。

◀玫瑰红枣茶

补中养血，有效治疗便秘

❀ 养生功效

 +

玫瑰花（干）　红枣（干）

1 3 5 8 ⑩
15 18 20 25 30

冲泡时间：
10分钟左右

▶ 补中益气，裨益心脾，通经活络。

● 制作方法

材料： 玫瑰 3~5 克，红枣 2~3 颗。

冲泡方法： 在杯中放入玫瑰、红枣及适量沸水，闷泡 10 分钟即可。

● 茶材特色 ●

红枣经铁锅炒制后多了两方面的优势：其一，暖胃驱寒效用更强；其二，更易于泡开，营养得以全面利用。

【宜忌人群】

脾胃气虚者、腰酸背痛的女性及便秘者适合饮用。
孕妇不宜多饮。

爱心提醒

▶ 玫瑰红枣茶可以采用锅煮法，但茶中所用红枣必须是炒过的。

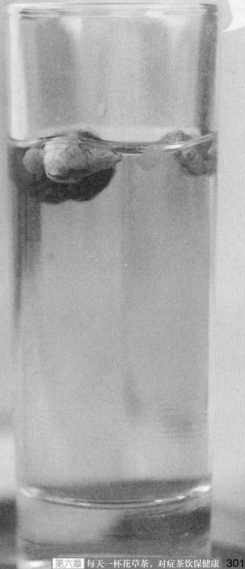